Sonja Meiburg

ANTI–GIFTKÖDER-TRAINING

ÜBUNGSPROGRAMM FÜR STAUBSAUGER-HUNDE

Für Damon und Vegas

Haftungsausschluss

Autorin und Verlag haben den Inhalt dieses Buches
mit großer Sorgfalt und nach bestem Wissen und
Gewissen zusammengestellt. Für eventuelle Schäden
an Mensch und Tier, die als Folge von Handlungen
und/oder gefassten Beschlüssen aufgrund der
gegebenen Informationen entstehen, kann
dennoch keine Haftung übernommen werden.

IMPRESSUM

CADMOS *im* CADMOS *Verlag*

Copyright © 2016 Cadmos Verlag GmbH, München
5. Auflage 2018, unveränderter Nachdruck 2022

Titelgestaltung und Layout: www.ravenstein2.de
Satz: Pinkhouse Design, 1140 Wien
Coverfoto: Michele Baldioli
Fotos im Innenteil: Michele Baldioli, Maité Herzog
Lektorat: Alessandra Kreibaum

Druck: www.graspo.com

Deutsche Nationalbibliothek – CIP-Einheitsaufnahme
Die Deutsche Nationalbibliothek verzeichnet diese
Publikation in der Deutschen Nationalbibliografie;
detaillierte bibliografische Daten sind im Internet
über http://dnb.ddb.de abrufbar.

Printed in EU

ISBN: 978-3-8404-2518-9

INHALT

9 .... *Einleitung oder wie Sie dieses Buch am besten nutzen*

13 .... **Was nicht funktioniert**
13 .... Den Hund strafen funktioniert nicht ...
15 .... das Futter strafen auch nicht
15 .... Leckerlis nie auf den Boden werfen
17 .... Rangordnungsmaßnahmen
17 .... Maulkorb

19 .... *Vorbeugen*
19 .... Futter wegnehmen?
20 .... „Aus"-Training
22 .... Fressnapftraining
24 .... Häufiger füttern
25 .... Maulkorbgewöhnung

29 .... **Was funktioniert: Die Vorbereitung**
30 .... Belohnen: Wie, wieso und überhaupt?
32 .... Das Markersignal
35 .... Das Freigabesignal

37 .... **Was funktioniert: Die Basisübung „Stoppen vor dem Futter"**
37 .... Ziel der Übung
38 .... Vorbereitung
39 .... Und so läuft's
42 .... Steigerung
43 .... Generalisieren

INHALT

45 . . . . *Was funktioniert: Das Signal „Nix da"*
46 . . . . Babylevel
54 . . . . Kindergartenlevel
55 . . . . Grundschullevel
59 . . . . Das Gymnasium
62 . . . . Die Universität
63 . . . . Und wie läuft das beim Spaziergang?

65 . . . . *Was funktioniert: Das Anzeigeverhalten*
„Nur gucken, nicht schlucken!"
65 . . . . Vorüberlegung
66 . . . . Der Start: Stoppen vor dem Futter
66 . . . . Entfernung verringern
66 . . . . Das eigentliche Anzeigeverhalten
69 . . . . Das Anzeigeverhalten verlängern
70 . . . . Die Entfernung zum Hund erhöhen
70 . . . . Generalisieren
71 . . . . Und wie läuft das beim Spaziergang?

73 . . . . *Notfallsignale*
74 . . . . Das Schlaraffenland-Signal „Schlasi"
77 . . . . Das Signal „Maul öffnen"

83 . . . . *Für Härtefälle*
83 . . . . Hilfe durch Entspannungstraining
89 . . . . Ein besonderer Fall: Pica

91 . . . . *Anhang*
91 . . . . Belohnungsliste
92 . . . . Empfehlungen für Hundeschulen
93 . . . . Literaturempfehlungen
94 . . . . Über die Autorin

95 . . . . *Stichwortregister*

Einleitung oder wie Sie dieses Buch am besten nutzen

Gerade gingen Sie noch gemütlich mit Ihrem Vierbeiner über die Wiese und auf einmal entfährt Ihnen aus voller Seele ein Schrei: „Iiiiiigitt!!!! Pfui ist das!! Auuusssssss!!"

Was ist passiert? Ihr Hund streckte plötzlich seine Nase in die Luft, dann in Richtung Boden, und schon hatte er etwas Unaussprechliches zwischen den Zähnen. Er schaut glücklich aus der Wäsche über seinen tollen Fund und grinst Sie mit vollem Maul an. Sie sind weniger begeistert. Kommt Ihnen das bekannt vor? Dann lesen Sie ruhig weiter. Denn ich möchte Ihnen zeigen, wie Sie es schaffen, dass Ihr Hund etwas Fressbares am Boden liegen lässt.

Sie werden feststellen, dass die einzelnen Übungen sehr kleinschrittig beschrieben sind. Das heißt nicht, dass Sie mit dem Training ewig und drei Tage beschäftigt sind – im Gegenteil. Es heißt lediglich, dass Sie einen möglichst ausführlichen Fahrplan an die Hand bekommen, der Sie durch Ihr Training führt. Wenn Sie merken, dass Ihnen und Ihrem Hund ein Trainingsschritt besonders leichtfällt, können Sie ihn getrost nur kurz üben und dann gleich die nächste Stufe angehen. Lassen Sie aber keinen Trainingsschritt aus, damit Sie den Überblick behalten, wo Sie gerade stehen, und eine gesunde Basis schaffen, auf die Sie zurückgreifen können, wenn mal etwas nicht so gut funktioniert.

Sollten Sie merken, dass Sie und/oder Ihr Hund bei einem Schritt Schwierigkeiten haben, können Sie in Ihrem Plan wieder ein oder zwei Schritte zurückgehen, diese verstärkt üben, bis Sie Ihr Level gefestigt haben, und es dann wieder mit dem schwierigen Schritt versuchen.

Oft werde ich gefragt, wie lange so ein „Staubsauger"-Training dauert. Ganz ehrlich: Das kann ich pauschal nicht sagen. Es kommt sehr auf Sie und Ihren Hund an, wie oft Sie üben, wie geschickt Sie in der Umsetzung sind, wie lange Ihr Hund schon Übung darin hat, alles vom Boden zu fressen, und vieles mehr. Manche Hundehalter hatten nach zwei geführten Trainingseinheiten das Staubsauger-Problem zu 90 Prozent im Griff. Ich habe aber auch schon Teams erlebt, die mehrere Monate unter Anleitung üben mussten, bevor das Training wirklich erfolgreich war. Meist lag das aber daran, dass der Halter zu wenig Zeit zum Üben hatte.

Am schnellsten kommen Sie ans Ziel, wenn Sie sich entspannen, Ihre Erwartungshaltung loslassen, mit dem Tempo Ihres Hundes gehen und das Training genießen. Je begeisterter Sie und Ihr Hund sind, umso leichter und schneller geht Ihnen das Training von der Hand.

Ihre Sonja Meiburg

WAS NICHT FUNKTIONIERT

Leidgeprüfte Besitzer von Draußen-Staubsaugern fragen sich oft: Warum macht er das? Er bekommt von mir wahrlich genug zu fressen. Die Antwort ist ganz einfach: Weil er es kann und weil es ihm Spaß macht!

Unsere Hunde sind seit jeher darauf geeicht, alles, was ihnen an Fressbarem vor die Nase kommt, aufzunehmen. Man weiß ja nie, wann es das nächste Mal etwas gibt und ob der Napf am Abend wirklich wieder so voll ist wie am Abend zuvor. Futteraufnahme ist genetisch tief verankert – und das macht ja auch Sinn: ohne Futter kein Überleben.

Zudem ist das Verhalten hochgradig selbstbelohnend. Keiner muss neben dem Hund stehen, um ihm zu sagen, wie toll es ist, dass er das vergammelte Stück Pizza gefressen hat. Hasenköttel sind für unsere Hunde so etwas wie Salzlakritze für den Menschen. Und wenn der Magen noch so voll ist – etwas zum Knabbern geht immer.

Weil es genetisch so fest verankert und so selbstbelohnend ist, braucht man gar nicht versuchen, dieses unerwünschte Verhalten mit aller Macht zu unterdrücken. Es ist nicht zielführend, in Sachen unerwünschter Nahrungsaufnahme gegen den Hund zu agieren, das Verhalten durch Strafen unterdrücken zu wollen und sich damit selbst zum Spielverderber zu machen.

Den Hund strafen funktioniert nicht ...

Um Ihnen Zeit zu sparen, fange ich damit an, die Dinge aufzulisten, die Sie nicht auszuprobieren brauchen. Sie helfen in den allermeisten Fällen nicht oder verschlimmern das unerwünschte Verhalten noch.

Damit meine ich zum Beispiel, den Hund anzuschreien, „Nein" oder „Pfui" zu rufen, ihn womöglich zu schlagen, an der Leine zu rucken oder ihm konsequent jedes Mal hinterherzulaufen, wenn er etwas im Maul hat, bis er Ihnen seine Beute endlich überlässt.

Wenn Sie Ihren Hund strafen, wird er wie jedes Lebewesen versuchen, dieser Strafe zu entgehen. Das heißt aber nicht automatisch, dass er dadurch genau das tut, was Sie von ihm möchten – das Unaussprechliche am Boden liegen lassen.

Wenn er versucht, der Strafe zu entgehen, heißt das nur, dass er eine andere Strategie wählen wird, um sein Ziel zu erreichen. Das ist nichts Persönliches und bedeutet auch nicht, dass Ihr Hund Sie nicht ernst nimmt. Er tut nur das, was er gelernt hat und was die Natur ihm vorgibt.

Wenn Sie Strafen schon ausprobiert haben, werden Sie gemerkt haben, dass der Erfolg eher so aussieht:

- Strategie 1: Ihr Hund nimmt alles, was er findet, extrem schnell ins Maul und versucht, es hinunterzuschlucken. Wenn Sie ihn dann ansprechen, um zu sehen, was er in der Schnauze hat, schaut er Sie an mit diesem „Was meinst du? Ich hab nichts im Maul!"-Blick, um den Pferdeapfel dann schleunigst hinunterzuwürgen.
- Strategie 2: Ihr Hund schnappt sich, was am Boden liegt, und sorgt dann flott dafür, dass zwischen ihm und Ihnen mindestens 30 Meter Sicherheitsabstand liegen. Daraus kann sich für den Hund und Sie ein nettes Hasch-mich-Spielchen entwickeln. Glauben Sie mir, der Hund gewinnt!
- Strategie 3: Die dritte, sehr unschöne Variante wäre, dass Ihr Hund auf einmal anfängt, Sie anzuknurren oder nach Ihrer Hand zu schnappen, wenn Sie versuchen, ihm etwas wegzunehmen. Die meisten Hunde sind gesellige Typen, die

So verständlich der Ärger auch ist. Strafen hilft nicht. (Foto: Michele Baldioli)

nicht auf einen ernsthaften Konflikt aus sind und eher versuchen, ihre Beute schnell in Sicherheit, sprich in den Magen zu bringen. Es gibt aber ab und zu Kandidaten, die deutlich zeigen, wenn sie bitte beim Zerlegen eines Hühnerbeins nicht gestört werden wollen. Das ist Ihnen gegenüber nicht böse gemeint, sondern lediglich ganz normales Hundeverhalten, das Sie durch entsprechendes Training verändern können.

Hunde, die eine der drei oben genannten Varianten zeigen, haben gelernt: Habe ich etwas im Maul und kommt dann mein

Mensch dazu, wird es unangenehm! Sie haben nicht gelernt, dass sie nichts vom Boden fressen dürfen. Das sind ziemlich ungünstige Voraussetzungen dafür, dem Hund erfolgreich seine Beute streitig zu machen, oder?

... das Futter strafen auch nicht

Ja, Sie haben richtig gelesen. Im Internet, wo alles möglich ist, wird ab und zu empfohlen, das Unaussprechliche, das am Boden liegt, zu verhauen. So soll der Hund lernen, dass er es nicht fressen darf.

Ich stelle es mir ziemlich unangenehm vor, wenn ich meine Leine nehme und damit Fuchskot mit viel Geschrei und einer Wucht verhaue, sodass es in alle Richtungen spritzt. Ja, natürlich soll man „eigentlich" danebenhauen, aber wie das so ist im Eifer des Gefechts: Sind Sie sicher, dass Sie wirklich immer danebentreffen?

Das Ergebnis der Tracht Prügel sieht in der Regel so aus: Höfliche Hunde lassen den Kot und nehmen den nächsten Haufen. Etwas robustere Hundenaturen stellen sich hinten an, warten, bis ihr Mensch mit dem Theater fertig ist, und sammeln die Reste auf. Also funktioniert das auch nicht.

Leckerlis nie auf den Boden werfen

Es könnte alles so einfach sein: Immer seinen Hund aus der Hand oder aus der Schüssel füttern, aber niemals Leckerlis oder Futter auf den Boden werfen. Der Hund gewöhnt

Reine Napffütterung verhindert keine unerwünschte Nahrungsaufnahme. (Foto: Michele Baldioli)

sich dann daran, dass er Futter nie vom Boden nimmt – oder auch nicht.

Mal ehrlich: Stellen Sie sich einmal bildlich vor, dass Sie schon monatelang Ihren Hund aus der Hand füttern, Ihnen niemals ein Leckerli daneben- und auf den Boden gefallen ist und Sie genau darauf achten, Ihrem Hund nie etwas zuzuwerfen, denn es könnte ja danebengehen.

Und jetzt liegt vor Ihnen am Boden eine alte vergammelte Pizza und Ihr handgefütterter, aluschüsselgewohnter Hund steht neben Ihnen.

Glauben Sie wirklich, dass er Nein sagt zu diesem Snack? Nun, ich denke, die Antwort kennen Sie.

(Foto: Michele Baldioli)

Nur aus der Hand füttern, ist auch keine Lösung.

Rangordnungsmaßnahmen

Immer wieder gern genommen wird bei Gehorsamsproblemen sämtlicher Art der Spruch: „Dein Hund nimmt dich nicht ernst und denkt, er wäre der Boss! Du musst ihm nur zeigen, dass du in der Rangordnung über ihm stehst", gefolgt von guten Ratschlägen wie „Geh vor ihm durch die Tür!" oder „Du musst unbedingt essen, bevor er sein Futter bekommt" oder – auch sehr beliebt – „Der Hund darf nicht mehr aufs Sofa".

Ich erspare Ihnen jetzt eine lange Lektion darüber, dass das mit der Rangordnung bei Hunden ein ziemlich alter Hut ist, völlig anders aussieht, als die Hundehalterwelt lange Zeit dachte, und mittlerweile längst durch neuere Erkenntnisse der Verhaltensforschung modifiziert wurde. Ich verweise dazu auf die einschlägige Fachliteratur im Anhang.

Nur für den Fall, dass Sie noch zweifeln, lade ich Sie dazu ein, das gleiche Gedankenspiel wie oben unter dem Punkt „Leckerlis nie auf den Boden werfen" durchzuführen. Stellen Sie sich vor, dass Sie schon monatelang brav vor Ihrem Hund durch die Tür gegangen sind. Vom Sofa verbannt haben Sie ihn sowieso und kuscheln schon viele Wochen nur noch auf dem harten Fußboden. Und bevor Sie ihn gefüttert haben, haben Sie jedes Mal einen oder mehrere Kekse gegessen. Jetzt sind Sie einige Kilo schwerer, gehen mit Ihrem Hund durch den Wald und dort liegt die schon bekannte Pizza.

Der Rest ist wieder klar: Woher soll Ihr Hund wissen, dass „Ich geh vor dir durch die Tür" gleichbedeutend ist mit „Rühr die Pizza nicht an!"? Also vergessen Sie am besten die Sache mit der Rangordnung, mit den Strafen und mit der Hand- und Schüsselfütterung. Es gibt etwas, das wesentlich besser funktioniert: Gutes Training!

Maulkorb

Maulkorbtraining verschafft Ihnen ein wenig Zeit, mehr nicht. Wie viel Zeit Sie gewinnen, hängt von der Beschaffenheit des Maulkorbs ab. Völlig ungeeignet sind Nylon-Maulkörbe. Damit der Hund nichts Fressbares mehr aufnehmen kann, müsste man das Maul regelrecht zuschnüren. Aber dann könnte der Hund nicht mal mehr hecheln. Das wäre lebensgefährlich! Auch außerhalb des „Draußen-Staubsauger"-Trainings haben diese Maulkörbe am Hund nichts zu suchen.

Besser geeignet sind richtige „Körbe" aus Plastik, Leder oder Metall, wobei Plastik die leichteste Variante ist. Mit ihnen kann der Hund immer noch hecheln, trinken und sein Maul bewegen. Es gibt Maulkörbe mit einer „Fressschiene", auch „Fresssperre" oder „Fress- bremse" genannt. Diese Sperre verhindert, dass der Hund durch die Vorderseite des Maulkorbs Fressbares vom Boden aufnehmen kann. Sie verhindert allerdings nicht, dass der Hund seinen Kopf in weiches „Futter" tunkt und es seitlich durch den Maulkorb lutscht.

Fazit: Der Maulkorb hilft insofern, dass Ihr Hund keine Giftköder aufnehmen kann, die häufig eher großen Brocken ähneln. Ihr Hund lernt dadurch aber nicht, draußen nichts Fressbares aufzunehmen.

VORBEUGEN

In unserer Hundeschule kommt es regelmäßig vor, dass wir eine Kurseinheit zum Thema „Aus" abhalten. Aus gutem Grund, denn im zarten Welpenalter können wir schon sehen, wie bisher das „Aus" trainiert wurde, und können, falls notwendig, das Verhalten noch rechtzeitig in die richtigen Bahnen lenken. Lernen Sie nun die wichtigsten Regeln kennen.

Die wichtigsten Tipps zur Vorbeugung

- *Der Fressnapf, das Spielzeug oder die Beute werden nicht einfach weggenommen.*
- *Ein freundliches „Aus"-Training ist das Mittel der Wahl —*
- *und natürlich Futternapftraining.*
- *Lieber öfter am Tag füttern.*
- *Maulkorbtraining nicht vergessen.*

Futter wegnehmen?

Im Hundetraining lohnt es sich immer wieder zu fragen: Was soll mein Hund lernen? Und: Was lernt mein Hund tatsächlich gerade? Ich möchte Sie bitten, sich diese Fragen in Ruhe durch den Kopf gehen zu lassen, während Sie sich folgende Situation vorstellen: Ihr Hund sitzt in der Küche und wartet mehr oder weniger geduldig auf seinen gefüllten Fressnapf. Sie stellen ihm den Fressnapf netterweise auf den Boden und er beginnt zu fressen. Nach etwa fünf Sekunden drängen Sie sich zwischen Hund und Fressnapf und nehmen den Fressnapf wieder weg.

Was lernt Ihr Hund? Lernt er Dinge, die Sie ihm wegnehmen müssen, gern und damit zuverlässig herzugeben? Oder lernt er, dass er knurren muss, um den Fressnapf zu verteidigen? Vielleicht sehen Sie ja eine Parallele: Hektisches „Aus"-Rufen und Wegnehmen im Alltag daheim führen schnell zu hektischen Reaktionen des Hundes beim Spaziergang. Der Weg zum Erfolg ist vielmehr ein sorgfältig aufgebautes „Aus"-Training und, falls notwendig, Futternapftraining.

„Aus"-Training

Für den Alltag ist es sehr wichtig, dass Ihr Hund lernt, auf das Signal „Aus" hin alles, was er im Maul hat, sofort loszulassen.

Damit Ihr Staubsauger-Hund nicht das Gefühl hat, etwas zu verlieren – was zu dem bereits genannten unerwünschten Verhalten führen kann –, ist das „Aus" für den Hund in allererster Linie ein Tauschgeschäft.

Achtung! Sollte Ihr Hund aggressiv reagieren, wenn es um Futter geht, wenden Sie sich bitte an einen Trainer aus der Liste, zu der Sie im Anhang einen Link finden. Gehen Sie in diesem Fall kein Risiko ein und lassen Sie sich professionell helfen.

Zur Vorbereitung suchen Sie sich etwas, das Ihr Hund zwar gern nimmt, von dem er aber auch nicht so begeistert ist, dass er es sofort hinunterschlucken und verteidigen muss. Nehmen Sie etwas, das er gern gegen etwas Besseres tauscht.

Es sollte außerdem nicht krümeln, hart und gut zu fassen sein. Rinderhautstangen sind gut geeignet.

Außerdem brauchen Sie etwas noch viel Besseres, für das Ihr Hund die Rinderhautstange gern liegen lässt – zum Beispiel

Die Kaustange, die er später tauschen soll, wird dem Hund angeboten.
(Foto: Michele Baldioli)

Leberkäse, Käse oder klein geschnittene Würstchen. Legen Sie sich die tollen Leckerlis in einer Schüssel bereit, sodass Ihr Hund nicht herankommt, Sie aber problemlos und schnell danach greifen können. Das Tauschgeschäft funktioniert so:

SCHRITT 1

Reichen Sie Ihrem Hund die Kaustange, halten sie aber noch in der Hand, damit er sich damit nicht einfach aus dem Staub machen kann, wie er das vielleicht vorher gewohnt war. Warten Sie, bis Ihr Hund genüsslich kaut.

Geben Sie ihm dann das Signal „Aus". Sagen Sie es sehr freundlich. Sie sind im Training, Sie sind ganz ruhig und gelassen und haben keinen Grund, Ihren Hund mit einer harten, harschen Stimme zu bedrohen. Bleiben Sie freundlich, dann bleibt Ihr Hund im Trainingsmodus und kann im Training besser mitarbeiten.

Wenn Sie das „Aus" bisher nicht gezielt geübt haben und auch noch einen freundlichen Tonfall wählen, ist die Wahrscheinlichkeit groß, dass Ihr Hund weiterkaut. Das macht nichts, er lernt ja noch und weiß (noch) nicht, was von ihm erwartet wird.

Nachdem Sie „Aus" gesagt haben, greifen Sie zu einem der supertollen Leckerlis und halten es Ihrem Hund direkt vor die Nase. Ist das Leckerli gut, wird er die Kaustange gern loslassen. Das ist der Moment, in dem Sie Ihren Hund sehr loben! Danach locken Sie den Hundekopf mit dem Leckerli ein paar Zentimeter von der Kaustange weg und füttern den Hund dann mit der tollen Beloh-

Der Hund wird mit einem Gutti von der Kaustange weggelockt. (Foto: Michele Baldioli)

nung. Wenn er das Leckerli gefressen hat, darf er sich wieder der Kaustange zuwenden, die Sie weiter in der Hand halten.

Achten Sie darauf: Die Kaustange bleibt dort, wo sie vorher war. Ziehen Sie sie nicht weg! Stattdessen locken Sie den Hundekopf von der Kaustange weg. Ihr Hund soll lernen, die Kaustange loszulassen und den Kopf freiwillig wegzudrehen, wenn Sie „Aus" sagen. Es ist kein Signal für „Ich reiße dir die Kau-stange gleich aus dem Maul".

Wiederholen Sie das ein paarmal, bis Sie merken, dass Ihr Hund die Kaustange schon loslässt, wenn Sie in die Schüssel greifen, und nicht erst dann, wenn Sie ihm die Leckerlis direkt vor die Nase halten. Das ist der Zeitpunkt, zu dem Sie Ihre Ansprüche ein wenig höherschrauben können.

Nehmen Sie eine frische, noch nicht angelutschte Rinderhautstange. Halten Sie sie Ihrem Hund vor die Nase, lassen Sie nicht los und warten Sie wieder, bis er sich damit beschäftigt. Dann sagen Sie wieder freundlich „Aus", aber Sie greifen nicht gleich nach den bereitgestellten Leckerlis, sondern warten, bis Ihr Hund den Knochen freiwillig losgelassen hat. Danach loben Sie ihn sehr, belohnen ihn und geben ihm die tolle Kaustange wieder.

Jetzt hat Ihr Hund etwas sehr Wichtiges gelernt: Er überlässt Ihnen einen Gegenstand, ohne wirklich genau zu wissen, ob er ihn zurückbekommt und ob er für das Auslassen tatsächlich eine Belohnung erhält. Wichtig: Ziehen Sie die Kaustange nicht weg, sondern warten Sie, bis der Hund den Kopf wegdreht. Er lässt so aktiv die Kaustange los, ohne dass Sie mit ihm darum ringen müssen. Sollte er nicht loslassen, wiederholen Sie die Lockübung noch ein paarmal und versuchen es dann erneut.

Bauen Sie das Training immer weiter aus, lassen Sie die Kaustange los und nehmen bessere Tauschgegenstände, wie zum Beispiel Spielzeug. Das üben Sie so lange, bis Ihr Hund auch ein Stückchen Wurst auf ein

Werfen Sie ein Gutti in den Fressnapf.
(Foto: Michele Baldioli)

freundliches „Aus" einfach fallen lässt. Das ist alles eine Frage der Routine.

Fressnapftraining

Sie haben sicher schon einmal gehört, dass Sie Ihrem Hund immer mal wieder den Fressnapf einfach so wegnehmen sollen, weil Sie der Alpha sind, der das Futter zuteilt. Aber das ist keine gute Idee, wenn Sie möchten, dass Ihr Hund lernt, Ihnen alles freudig – und damit zuverlässig – zu überlassen, was er eigentlich behalten möchte.

Daher zäumen wir das Pferd von hinten auf. Wir nehmen dem Hund erst einmal nichts weg, sondern wir legen etwas in den Futternapf hinein, während er frisst. Warum? Denken Sie an das, was Ihr Hund lernt. Wenn Sie etwas Gutes in den Fressnapf hinein-legen, lernt Ihr Hund: „Prima! Komm her! Nähere dich meinem Fressnapf! Das find ich super!" Was er nicht lernt: „Oje, da kommt jemand! So ein Mist! Jetzt ist mein Futter gleich weg! Da muss ich schneller fressen, knurren, schnappen, damit ich weiter in Ruhe fressen kann!"

Achtung! Sollte Ihr Hund bereits ernsthaft knurren oder mit Verletzungsabsicht schnappen, wenn Sie sich dem Fressnapf nähern, dann geht das weit über das Thema „Vorbeugen durch Futternapftraining" hinaus. In diesem Fall bitte ich Sie, das Fressnapftraining vorerst ruhen zu lassen und sich zuerst an einen kompetenten Trainer zu wenden. Im Anhang finden Sie einen Link zur Hundetrainer-Liste.

SCHRITT 1

Sie füllen die Futterschüssel Ihres Hundes mit etwas, das er zwar mag, aber gern gegen etwas Besseres eintauschen würde. Während er frisst, nehmen Sie sich etwas ganz besonders Gutes – zum Beispiel Käse oder Leberkäse. Damit nähern Sie sich dem Fressnapf, sagen „Schau mal, was ich hier habe" und werfen das Futter hinein. Dann entfernen Sie sich wieder und lassen Ihren Hund in Ruhe zu Ende fressen.

Wiederholen Sie das zwei, drei Tage lang bei jedem Fressen. Stören Sie Ihren Hund nicht übermäßig. Zeigen Sie ihm einfach, dass er nichts zu befürchten hat, wenn Sie zu ihm an den Fressnapf treten. Nach einigen Tagen werden Sie merken, dass Ihr Hund Sie, wenn Sie sich dem Fressnapf nähern und „Schau mal, was ich hier habe" sagen, erwartungsvoll anschaut und im besten Fall sogar ein wenig Platz für Sie macht. Jetzt können Sie einen Schritt weitergehen.

SCHRITT 2

Jetzt beugen Sie sich zum Fressnapf hinunter, während Ihr Hund frisst. Sie sind ihm also körperlich sehr nah. Daher sollten Sie seine Körpersprache genau beobachten.

Nehmen Sie sich wieder Ihre besonders guten Leckerlis und gehen Sie auf den Fressnapf Ihres Hundes zu, während Ihr Hund frisst. Sagen Sie „Schau mal, was ich hier habe" und warten Sie ab, ob er von allein den Kopf hebt, Sie erwartungsvoll anschaut oder sogar ein paar Zentimeter vom Fressnapf zurückweicht. Falls nein, üben Sie noch ein wenig Schritt 1, bis Ihr Hund Ihnen bereitwillig Platz macht, wenn Sie an den Napf herantreten.

Dann greifen Sie mit einer Hand an den Fressnapf und mit der anderen legen Sie das besonders gute Futter hinein. Wenn Sie ohne Weiteres nach dem Fressnapf greifen und etwas hineinlegen können und Ihr Hund dabei ruhig wartet und sich freut und/oder sogar grinsend zurückweicht, sind Sie beide reif für Schritt 3.

SCHRITT 3

Jetzt ist es so weit: Sie nehmen Ihrem Hund den Fressnapf weg.

Sie beginnen wie bisher auch. Sie nehmen sich Ihre besonders guten Leckerlis und gehen auf Ihren Hund zu, während er frisst. Sagen Sie ihm „Schau mal, was ich hier habe", und warten Sie wieder, ob er von allein den Kopf hebt und Sie erwartungsvoll anschaut. Falls ja, fassen Sie nach dem Fressnapf und heben ihn hoch. Legen Sie dann Ihre tollen Leckerlis hinein und geben Ihrem Hund den Fressnapf wieder zurück.

Wenn Ihr Hund sich sogar freut, wenn Sie ihm den Fressnapf wegnehmen, ist das Ziel des Futternapftrainings erreicht. Der Hund reagiert zuverlässig, freudig und aggressionsfrei auf Ihre Anwesenheit am

Nehmen Sie den Fressnapf in die Hand und legen Sie ein Gutti hinein. (Foto: Michele Baldioli)

Fressnapf. Er lernt, Ihnen sein Futter völlig freiwillig zu überlassen.

Bitte achten Sie darauf: Führen Sie diese Übung nicht jedes Mal durch, wenn Ihr Hund frisst. Die Mahlzeiten sind ein wichtiger Teil des Tagesablaufs Ihres Hundes. Er braucht dabei Ruhe und Gelassenheit, um das Futter ohne zu schlingen aufnehmen und verdauen zu können.

Lassen Sie ihm diese Ruhe. Nehmen Sie sich zwischendurch Zeit für ein paar Trainingseinheiten, um das Verhalten im Gedächtnis des Hundes frisch zu halten. Den Rest der Zeit kann er ruhig und gelassen fressen, ohne von Ihnen gestört zu werden.

Achtung! Haben Sie auch nur einen kleinen Moment ein mulmiges Gefühl bei diesen Übungen, weil Sie merken, dass Ihr Hund sich versteift oder Sie sogar bedroht, oder weil Sie Ihren Hund nicht so gut lesen können und unsicher sind, wie er reagieren könnte, dann versuchen Sie es bitte nicht allein, sondern rufen einen Trainer von der Empfehlungsliste im Anhang.

Häufiger füttern

Wenn Ihr Hund draußen ständig nach Fressbarem sucht, könnte es vielleicht sein, dass er schlicht Hunger hat? Überlegen Sie, wann Sie Ihren Hund füttern. Bekommt er nur einmal am Tag etwas zu fressen? Vielleicht nur spätnachmittags oder abends?

Vielleicht hängt ihm sein Magen bei Ihren Gassigängen schon in den Kniekehlen und befiehlt seinem Besitzer dringend, etwas Fressbares zu suchen. Probieren Sie doch einfach mal aus, ob sich an dem Draußen-

Fressverhalten Ihres Hundes etwas ändert, wenn Sie die Fütterung umstellen. Geben Sie ihm morgens bereits einen Teil seiner Tagesration an Futter – gern auch ein paar Kohlenhydrate mehr, zum Beispiel Kartoffeln, Reis oder Hirse. Das füllt den Magen ein wenig und sorgt dafür, dass der Glukosespiegel im Gehirn konstant bleibt, sodass Ihr Hund sich draußen ruhiger verhalten kann.

Eine Stunde nach der Fütterung gehen Sie Gassi und schauen, ob sich etwas an seinem Verhalten verändert. Manchmal ist die Lösung ganz einfach.

Maulkorbgewöhnung

Viele Köder, die giftige oder gefährliche Stoffe enthalten, sind eher groß und haben eine relativ feste Konsistenz. Daher kann der Hund sie durch einen Maulkorb nicht aufnehmen und fressen.

Das gilt allerdings nicht für die völlig ungeeigneten Nylon-Maulkörbe, die dem Hund das Maul zuschnüren sollen. Sind sie so fest eingestellt, dass der Hund das Maul nicht mehr aufbekommt, um Fressbares aufzunehmen, kann er damit auch nicht mehr hecheln. Das ist gefährlich, und ich rate dringend davon ab, diese Maulkörbe zu benutzen.

Besser sind richtige Körbe, in denen der Hund das Maul ganz normal öffnen kann. Optimal ist es, wenn der Maulkorb eine sogenannte „Fressbremse" besitzt. Das ist eine Plastikplatte, die innen am Maulkorb befestigt wird und für etwas Abstand zwischen Maul und Maulkorbvorderseite sorgt.

Damit Ihr Hund nicht den ganzen Spaziergang über damit beschäftigt ist, sich den Maulkorb mit den Pfoten von der Nase zu ziehen, ist ein kleines Eingewöhnungsprogramm nötig. Nehmen Sie sich ein paar Tage Zeit, um Ihrem Hund den Maulkorb schmackhaft zu machen. Das ist gut investierte Zeit, die sich in gelassenen Spaziergängen auszahlt.

Am schnellsten funktioniert das Maulkorbtraining, wenn Sie den Korb von innen dick mit Leberwurst einschmieren. Geben Sie Ihrem Hund das verbale Signal „Maulkorb" und lassen ihn dann den Maulkorb genüsslich ausschlecken.

Wiederholen Sie das einen Tag lang, so oft Sie Zeit und Lust haben, allerdings mindestens fünf Mal, damit Sie eine schnelle

Ein passender Maulkorb kann das Anti-Giftköder-Training ein wenig erleichtern. (Foto: Michele Baldioli)

Verknüpfung von dem Signal „Maulkorb" mit einer sehr freudigen Reaktion Ihres Hundes erhalten.

Am nächsten Tag geben Sie einmal das Signal „Maulkorb". Wenn Ihr Hund dann schon erwartungsfroh neben Ihnen sitzt und den Kopf freiwillig in den Maulkorb steckt, um die Leberwurst abzuschlecken, schließen Sie vorsichtig die Schnalle hinter den Ohren.

Wenn er fertig geschleckt hat, stecken Sie noch ein paar Leckerlis durch die Maulkorbstreben. Nehmen Sie danach den Maulkorb wieder ab.

Wiederholen Sie auch das einen Tag lang immer wieder. Einen Tag später lassen Sie die Leberwurst im Maulkorb weg und stecken nur noch Leckerlis durch die Streben, nachdem Sie Ihrem Hund den Maulkorb aufgesetzt haben.

Verlängern Sie nach und nach die Zeit, die Ihr Hund den Maulkorb trägt. Schmusen Sie mit ihm, gehen Sie zu interessanten Schnüffelstellen oder spielen Sie Rennspiele mit ihm. Wenn Sie das Training sorgfältig aufbauen, findet Ihr Hund den Maulkorb nach ein paar Tagen richtig gut.

Achten Sie immer darauf: Der Maulkorb soll für Ihren Hund etwas völlig Normales

So sieht der Maulkorb aus, wenn er mit Leberwurst präpariert wurde.
(Foto: Michele Baldioli)

und sogar Angenehmes werden. Sollten Sie merken, dass Ihr Hund Meideverhalten zeigt, rückwärts ausweicht, die Rute einklemmt oder versucht, sich Ihnen zu entwinden, war der Trainingsschritt zu groß. Gehen Sie ein, zwei Schritte zurück und versuchen Sie erst einmal intensiver, Ihrem Hund den Maulkorb schmackhaft zu machen.

Das bedeutet, dass Sie genau beobachten müssen, wie Ihr Hund reagiert. Wenn Sie im Training einige Schritte zurückgehen müssen, achten Sie darauf, dass Sie dort wieder einsetzen, wo es richtig gut funktioniert hat. Also dort, wo Ihr Hund kein Meideverhalten

gezeigt hat. Üben Sie auf dieser Stufe ein, zwei Tage lang und gehen Sie dann Trainingsschritt für Trainingsschritt weiter, bis Ihr Hund das Meideverhalten völlig ablegt.

Aber: Auch ein Maulkorb bietet leider keine hundertprozentige Sicherheit. Wenn Ihr Hund Gefallen an schmierigen Dingen findet, hilft ein Maulkorb nur bedingt weiter, denn es ist für den Hund schon ein Erfolgserlebnis, wenn er seinen Maulkorb einmal quer durch einen Kothaufen ziehen kann und den Duft stolz mit sich herumträgt. Daher kann auch ein Maulkorb kein Training ersetzen.

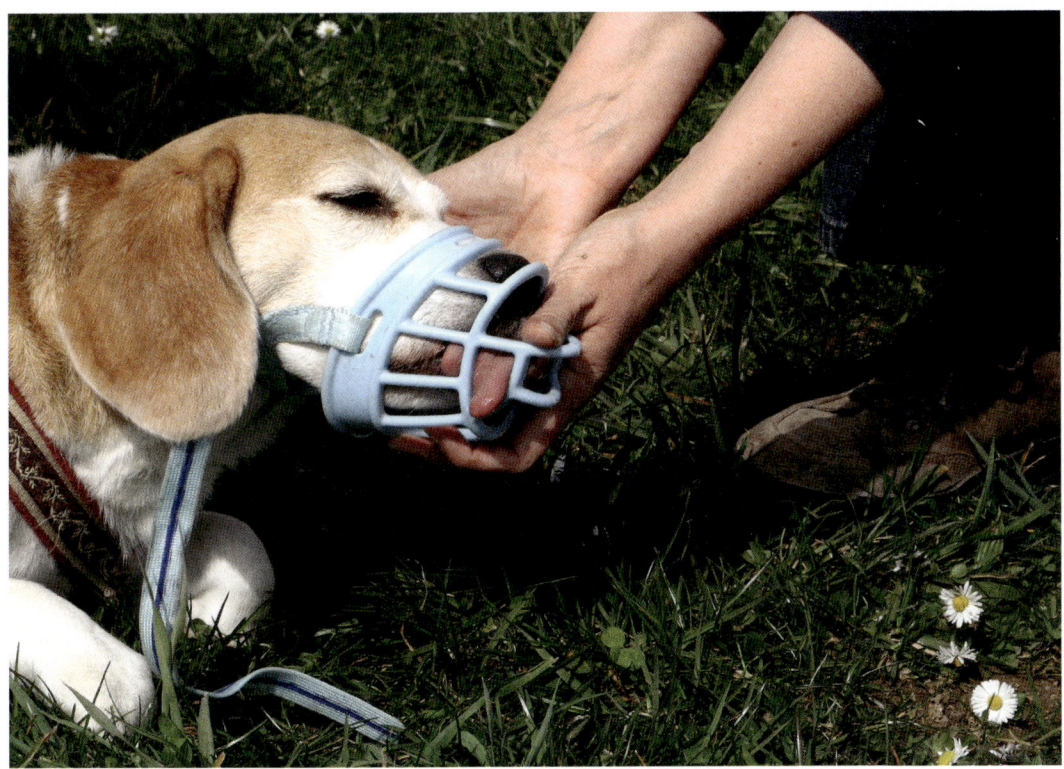

Der Hund darf die Leberwurst aus dem Maulkorb lecken und bekommt dann ein paar Leckerlis durch die Streben. (Foto: Michele Baldioli)

WAS FUNKTIONIERT:
Die Vorbereitung

Nehmen Sie sich einen Moment Zeit und überlegen Sie: Was soll Ihr Hund tun, wenn er etwas Fressbares findet? „Nur" daran schnuppern? Sich Ihnen zuwenden? Ihnen zeigen, dass da Futter liegt? Je nach Situation bieten sich dafür ganz verschiedene Verhaltensweisen an.

Mit der Basisübung „Stoppen vor dem Futter" bringen Sie Ihren Hund dazu, dass er, wenn er etwas am Boden sieht, erst einmal langsamer wird, zögert und im besten Fall stoppt. Das verschafft Ihnen etwas Zeit, um rechtzeitig und richtig zu reagieren.

Auf diese Basisübung folgen zwei verschiedene Werkzeuge: zum einen das Signal „Nix da", das Ihrem Hund sagt, dass er sich von dem, was am Boden liegt, abwenden und sich Ihnen zuwenden soll. Es ist ein Abruf- und damit auch ein Abbruchsignal, das speziell an Fressbarem aufgebaut wird. Das Signal ist für die Situationen gedacht, in denen Sie rechtzeitig eingreifen können, weil Sie bemerken, dass etwas am Boden liegt und Ihr Hund den Geruch schon in der Nase hat.

Zum anderen bauen Sie ein Anzeigeverhalten auf. Das bedeutet, dass Ihr Hund Ihnen anzeigt, wenn er etwas Fressbares am Boden gefunden hat. Das kann er zum Beispiel tun, indem er sich vor seinem Fund hinsetzt, aber auch jedes andere Verhalten, das Sie deutlich erkennen lässt, dass Ihr Hund etwas gefunden hat, ist geeignet. Dieses Training ist besonders sinnvoll für die Situationen, in denen Sie nicht bemerken, dass etwas am Boden liegt, was Ihr Hund gern fressen möchte.

Wenn Sie sich überlegt haben, was Ihr Hund machen soll (und nicht nur, was er lassen soll), sind Sie schon einen Schritt weiter. Als Nächstes bringen Sie ihm das gewünschte Verhalten bei. Und damit sind Sie weg von dem, was nicht funktioniert, und bei dem angelangt, was wirklich Erfolg bringt: Training!

Um Ihren Hund dazu zu bringen, auch die leckersten Dinge am Boden liegen zu lassen, haben Sie mehrere Möglichkeiten. Packen Sie sich eine nette kleine Werkzeugkiste mit den Trainingsmethoden, die Ihnen und Ihrem „Staubsauger" am besten liegen, und üben Sie sie häufig und intensiv. Und dann ernten Sie, was Sie gesät haben.

Belohnen: Wie, wieso und überhaupt?

Belohnen? Wieso sollten Sie Ihren Hund überhaupt für gutes Verhalten belohnen? Sie sind doch der große Alpha, die Lichtgestalt im Leben Ihres Hundes, und er gehorcht Ihnen allein deshalb selbstverständlich gern. Das ist ein wirklich schöner Traum, aber jetzt ist es an der Zeit, dass wir endlich aufwachen.

Das Thema Belohnungen wird unter Hundehaltern und -trainern gern lautstark diskutiert. Fakt ist: Die Hundehalter und -trainer, die darauf bestehen, ohne Belohnungen – sie meinen „ohne Futter als Belohnung" – zu trainieren, arbeiten oft über Meideverhalten. Sie versuchen damit aber, den Hund einzuschüchtern, damit er ihnen folgt. Die Belohnung für den Hund, wenn er etwas richtig gemacht hat, ist das Ausbleiben von Strafe, das durch ein Lob angekündigt wird.

Und natürlich „freut" sich ein Hund darüber, dass er jetzt gerade nicht gestraft wird. Das kann funktionieren, kann aber auch richtig schiefgehen (siehe Kapitel „Was nicht funktioniert").

Sicherer und für alle Beteiligten sehr viel angenehmer ist es, den Hund für gutes Verhalten passend zu belohnen, denn richtig belohntes Verhalten zeigt Ihr Hund gern freiwillig häufiger, länger und lieber. Das bedeutet: Wenn Sie Ihren Hund passend dafür belohnen, dass er den Fleischklops liegen lässt, wird er ihn in Zukunft freiwillig viel häufiger, länger und lieber liegen lassen. Eigentlich logisch, oder?

Die passende Belohnung

Eins gebe ich aber zu bedenken im Hinblick auf das Wort „passend": Eine Belohnung ist nur dann eine Belohnung, wenn Ihr Hund sie auch als solche wahrnimmt. Es kommt nicht darauf an, was Sie denken, was der Hund als Belohnung bekommen sollte, sondern ob sich der Hund belohnt fühlt oder nicht. Wenn er gerade dabei ist, sich ein leckeres „Fuchskotsüppchen" einzuverleiben und sich von Ihrem „Lass das doch bitte liegen" davon abbringen lässt, wird er Ihr geflötetes „Komm, wir spielen Ball!" vielleicht eher als störend denn als belohnend wahrnehmen, denn eigentlich wollte er etwas ganz anderes tun als Ballspielen. Und schon ist es keine Belohnung mehr …

Sie sollten sich immer wieder fragen: Was will mein Hund, wenn er sich an alten Pizzaresten oder an Hasenkötteln gütlich hält? Es könnte sein, dass er es spannend findet, am Boden auf einmal auf etwas Unerwartetes gestoßen zu sein. Vielleicht bietet auch die alte Pizza eine willkommene Abwechslung zum alltäglichen Trockenfutterspeisezettel. Und es könnte sein, dass Ihr Hund einfach nur lustig mit der alten Pizzaschachtel spielen möchte.

Bisher weiß Ihr Hund nur, dass Sie ihm all die tollen Dinge abnehmen, sobald Sie sie zu fassen kriegen: Sie sind der Spielverderber! Jetzt lernt er: All die tollen Dinge können Sie ihm auch bieten. Überlegen Sie mal: Was gibt es, mit dem Sie Ihren Hund richtig vom Hocker reißen, weil es sein Bedürfnis nach Spannung, Spiel oder Salzlakritze befriedigt? Vielleicht kleine Stückchen von würzigem Käse? Einer von der richtig stinkigen Sorte? Aber vielleicht haben Sie ja Glück und stink-normaler Gouda erfüllt auch seinen Zweck. Und wie wäre es mit ein paar Bröckchen Trockenfisch? So etwas gibt es in jeder gut

sortierten Zoohandlung. Der ist ebenfalls mit einem nicht alltäglichen Geruch gesegnet, aber Sie wollen Ihren Hund ja möglichst schnell und erfolgreich dazu bringen, den Fuchskot liegen zu lassen. Oder echter bayerischer Leberkäse? Würzig, saftig, lecker.

Und der große Vorteil ist, dass man ihn problemlos in kleine Würfel schneiden, in eine Tüte stecken und mitnehmen kann.

All diese leckeren Dinge können Sie auch noch als Spielzeug verwenden, indem Sie sie zum Beispiel in einen Futterbeutel oder in einen hohlen Ball stecken und damit gemeinsam mit Ihrem Hund schöne Beutespiele ver-

Wichtig ist, womit sich der Hund belohnt fühlt oder nicht.
(Foto: Michele Baldioli)

anstalten. Sie können aber auch einmal für etwas mehr Spannung sorgen und den Futterbeutel draußen verstecken, damit Ihr Hund ihn suchen muss. Als Belohnung für das Finden gibt es dann den leckeren Trockenfisch aus dem Beutel.

Machen Sie es für Ihren Hund ruhig mal richtig spannend. Nehmen Sie nicht immer dieselben vorhersehbaren Belohnungen, sondern überraschen Sie ihn. Glauben Sie mir, das macht nicht nur Ihrem Hund Spaß!

Da wir Menschen aber Gewohnheitstiere sind, macht es Sinn, wenn Sie sich eine kleine Belohnungsliste anlegen. Was mag Ihr Hund? Und wie können Sie das am besten so präsentieren, dass er bereitwillig auf den Leckerbissen am Boden verzichtet?

Im Anhang finden Sie als kleine Hilfe eine Tabelle, in die Sie Ihre Ideen eintragen können. So notiert, gerät keiner Ihrer genialen Einfälle in Vergessenheit.

Das Markersignal

Zum Thema „Markersignal" haben schon viele kluge Köpfe eine Menge zu Papier gebracht. Daher gibt es hier nur die Kurzform und zum Vertiefen Literaturempfehlungen im Anhang.

Das Markersignal ist ein akustisches Hilfsmittel, das Ihnen das Training mit dem Hund erheblich erleichtert. Es sagt Ihrem Hund: „Das, was du gerade in dieser Millisekunde tust, ist genau das, was ich möchte. Und dafür erhältst du jetzt eine Belohnung." Für diese lange Erklärung nutzen Sie ein kurzes, prägnantes Wort, das Sie nicht bereits regelmäßig in Verwendung haben und das

leicht über die Lippen geht – beispielsweise „Klick", „Tack" oder „Zack" –, oder Sie nehmen gleich einen Clicker zur Hand.

Die Arbeit mit dem Marker funktioniert so: Immer, wenn Ihr Hund etwas richtig macht, sagen Sie das Markersignal „Klick" oder Sie benutzen den Clicker. Nach dem

Ein kurzer Marker

Bitte nehmen Sie als Marker kein Lob wie „Oh, das hast du aber fein gemacht! Braver Hund!", denn ich versichere Ihnen, dass Sie das „Clickwort" viel bewusster, schneller und damit effektiver einsetzen als eine Lobeshymne. Nach dem „Clicksignal" dürfen Sie Ihren Hund loben, gern auch überschwänglich und verbunden mit einem mitreißenden Tänzchen, denn Lob und Zuwendung sind ja schließlich Teil der Belohnung.

Wort/Click wird er belohnt. Das Signal hilft ihm, besser zu erkennen, wofür er belohnt wird und was Sie eigentlich von ihm möchten. Und er lernt, dass sich erwünschtes Verhalten tatsächlich für ihn lohnt.

Sie brauchen dabei keine große Vorarbeit zu leisten. Fangen Sie einfach an, das Markersignal zu verwenden und den Hund sofort danach richtig gut zu belohnen. Ihr

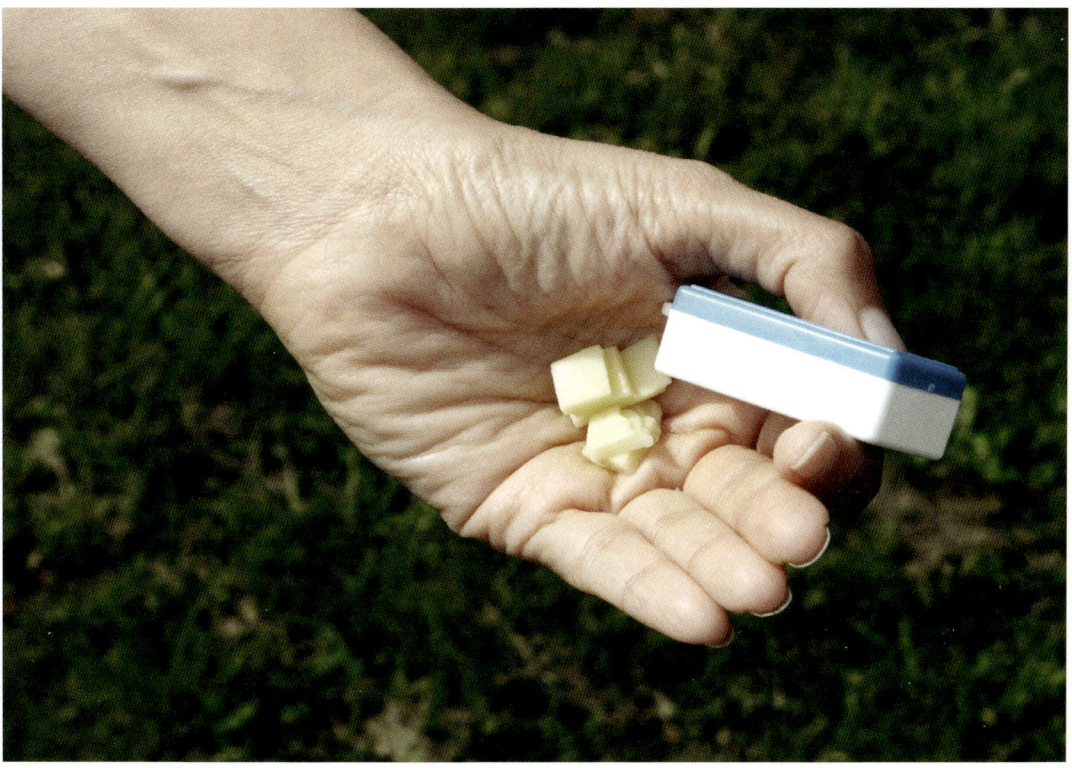

Mit dem Clicker und den ganz besonderen Leckerlis können Sie auf den Punkt belohnen.
(Foto: Michele Baldioli)

Hund lernt so sehr schnell, welche Bedeutung das Signal hat.

Warum das Markersignal so wichtig ist? Stellen Sie sich vor, Ihr Hund steuert gerade einen kleinen Haufen Fuchskot an. Sie sagen ihm freundlich „Lass das mal liegen" und er zögert tatsächlich. Jetzt müssen Sie mit Ihrer Belohnung genau diesen Punkt erwischen und Ihren Hund gleichzeitig davon abhalten, sich doch noch an dem Haufen zu bedienen.

Sie könnten auch laut und deutlich loben und hoffen, dass er sich auf Ihr Lob hin zu Ihnen umdreht – was unwahrscheinlich ist, da Ihr Lob für den Hund nicht automatisch bedeutet, dass er jetzt eine tolle Belohnung bekommt. Oder Sie könnten hinter ihm mit einer Belohnung wedeln – was er nicht sieht, weil er ja gerade von Ihnen wegschaut. Beides ist also nicht wirklich effektiv. Wenn Sie aber in dem Moment, in dem er zögert, „Klick" sagen, dann weiß Ihr Hund:

• Das Zögern war richtig und erwünscht und

• er wird jetzt gleich belohnt.

Im besten Fall, nach intensivem Training, dreht er sich automatisch nach dem Markersignal zu Ihnen um, weil er von

Erst wenn Sie die Freigabe erteilen, darf Ihr Hund sich bedienen.

Ihnen eine Belohnung erwartet. Das Problem ist gelöst!

Sie können auch ohne Markersignal arbeiten. Mit intensivem Lob als Ankündigung einer Belohnung funktioniert das Training auch. Dann nehmen Sie an den Stellen hier im Buch, an denen ich „Klick" schreibe, stattdessen ein supertolles Lob Ihrer Wahl.

Aber da ein Lob nicht so prägnant und eindeutig ist, macht es das Training unnötig schwer. Schneller und effektiver sind Sie auf jeden Fall mit einem Marker.

Das Freigabesignal

Zu guter Letzt brauchen Sie auch noch ein Signal, das Ihrem Hund sagt: „Okay, jetzt darfst du es nehmen." Sie benötigen dieses Signal, weil Sie Ihrem Hund beibringen möchten, Fressbares vom Boden nur noch dann aufzunehmen, wenn Sie ihm vorher die Freigabe dazu erteilen, und sich nicht einfach darauf zu stürzen, um es hinunterzuschlingen. Suchen Sie sich auch hier ein Wort, das Ihnen leicht von den Lippen geht. Beispiele: „Nimm's", „Schnapp's dir", „Jetzt darfst du".

Welche Worte Sie verwenden, ist nicht wichtig. Sie haben die Wahl. Achten Sie nur darauf, dass es nicht zu Verwechslungen mit Signalen, die Ihr Hund bereits kennt, kommen kann.

Sagen Sie zum Beispiel jedes Mal „Nimm's", wenn Ihr Hund einen Gegenstand tragen soll, verwenden Sie als Freigabesignal besser ein anderes Wort. Hauptsache, Sie können es sich gut merken.

Grundsätzlich gilt: Üben Sie lieber in kurzen, überschaubaren Trainingseinheiten von wenigen Minuten und wiederholen Sie diese zwei- bis dreimal täglich, statt mit Ihrem Hund eine halbe Stunde am Stück zu üben, bis Sie beide genug haben.

Routine ist wichtig, Langeweile oder Stress sollte aber nicht aufkommen. Sorgen Sie dafür, dass Sie beide mit Spaß bei der Sache sind, indem Sie die Trainingseinheiten kurz halten. Wenn Sie merken, dass Sie während einer Trainingseinheit drauf und dran sind, Ihre gute Laune zu verlieren, lassen Sie Ihren Hund noch eine Übung machen, die er perfekt beherrscht und für die er belohnt werden kann.

Danach machen Sie eine Pause, setzen sich in Ruhe hin und überlegen, was schiefgelaufen ist und was Sie ändern müssen, damit es wieder gut läuft. Erst danach beginnen Sie die nächste Trainingseinheit, ganz nach dem Motto: Denken – planen – handeln (Zitat von Bob Bailey).

Mein Tipp

Nehmen Sie sich Zeit für diese Vorbereitungen. Je wohler Sie sich mit dem Markerwort und dem Freigabesignal fühlen und je sicherer Sie in der Auswahl der richtigen Belohnung sind, umso einfacher und schneller wird Ihnen das Trainingsprogramm von der Hand gehen.

WAS FUNKTIONIERT:

Die Basisübung „Stoppen vor dem Futter"

Sie haben sich ein passendes Freigabe- und Markersignal überlegt und Ihre Belohnungsbox ist gut gefüllt? Dann kann es ja losgehen!

Der erste Schritt besteht darin, Ihren Hund auf dem Weg zum Futter erst einmal zu stoppen und dafür zu sorgen, dass er freiwillig anhält, wenn er am Boden etwas Fressbares sieht. Erst wenn er automatisch stoppt, sobald er Futter sieht, können Sie ihm beibringen, etwas anderes zu tun, als es gleich hinunterzuschlingen. Außerdem verhindert diese Übung nicht nur die unerwünschte Nahrungsaufnahme, sondern hat sogar den positiven Nebeneffekt, dass wir am Verhalten des Hundes erkennen, dass etwas am Boden liegt. Dann können wir es entsorgen oder zur Polizei bringen, damit auch kein anderes Lebewesen daran Schaden nimmt.

Bei vielen Hunden, die gern mit ihrem Halter zusammenarbeiten und schnell generalisieren, reicht diese Übung oft aus, um einen großen Schritt voranzukommen in Richtung einer Verhinderung unerwünschter Nahrungsaufnahme.

Ziel der Übung

Ihr Hund soll lernen, freiwillig anzuhalten, wenn er etwas Fressbares sieht oder riecht. Der Clicker bzw. der verbale Marker erfüllt dabei zwei Funktionen: Zum einen stoppt das Signal den Hund durch das Versprechen auf eine tolle Belohnung, bevor er das Futter erreicht. Zum anderen wird er praktischerweise gleichzeitig dafür belohnt, dass er das Futter am Boden (noch) nicht gefressen hat. Ihr Hund lernt: Anhalten lohnt sich!

Probieren Sie es aus: Dreht sich Ihr Hund sofort herum und strahlt Sie an, sobald er den Clicker, Ihr Markersignal oder Ihr herzliches Lob hört? Wenn ja, können Sie einfach weiterlesen und mit den ersten Übungen anfangen.

Wenn nein, investieren Sie zwei, drei Tage Zeit und bringen Sie ihm bei, dass er etwas Großartiges zu erwarten hat, wenn Sie clicken, markern oder loben. Machen Sie das ein paar Tage lang sehr konsequent, wenn Ihr Hund etwas gut gemacht hat, und lassen Sie ihm dann eine richtig gute Belohnung zukommen. So sorgen Sie dafür, dass er eine positive Erwartungshaltung entwickelt. Und nach ein paar Tagen wird er sich nach dem Signal sofort zu Ihnen herumwerfen und Sie anstrahlen.

Vorbereitung

Suchen und finden Sie zum Belohnen ein paar Guttis, die Ihr Hund besonders toll findet: richtig hochwertiges Futter, die sogenannten „Yeah-Guttis". Es sollte etwas sein, was Ihren Hund vor Begeisterung umwirft. Was Sie verwenden, überlasse ich ganz Ihrer Fantasie. Zusätzlich brauchen Sie noch Futter, das Sie am Boden auslegen, wie zum Beispiel Trockenfutter. Es sollte zu Beginn des Trainings wesentlich geringwertiger sein als die Yeah-Guttis. Wir nennen dieses Futter unsere „Na-ja-Guttis".

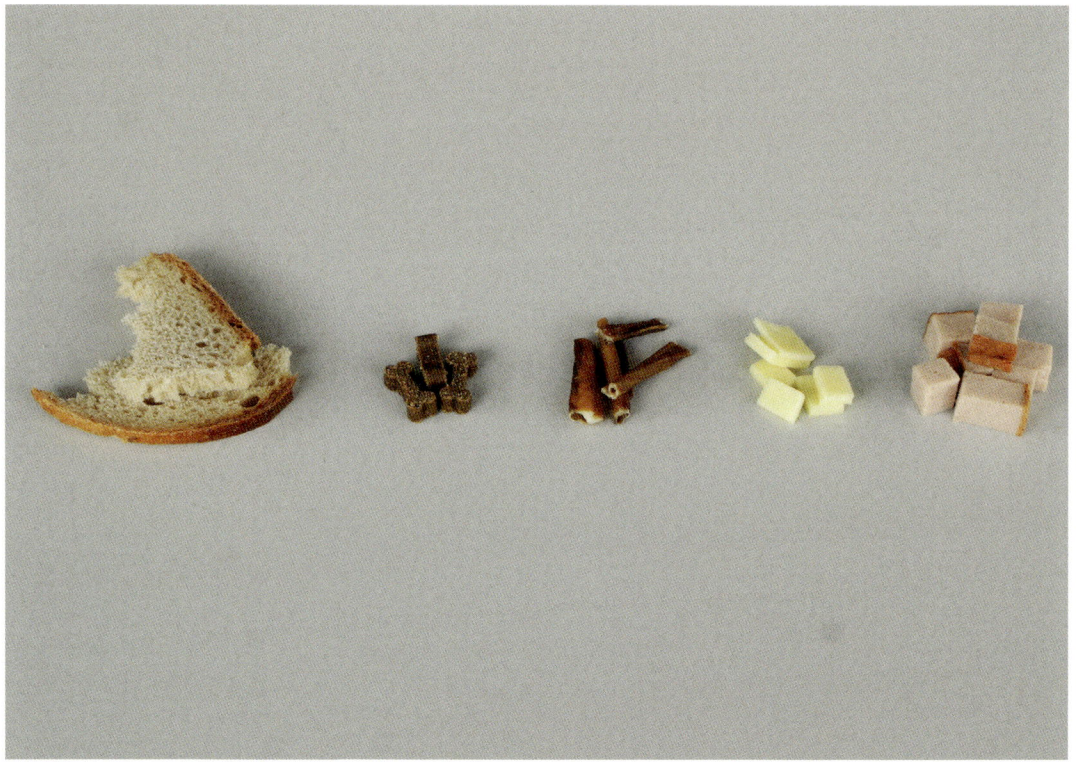

Futter geordnet nach ansteigender Wertigkeit: von Na-ja bis Yeah.
(Foto: Michele Baldioli)

Und so läuft's

Binden Sie Ihren Hund mit Brustgeschirr und Leine an oder bitten Sie eine zweite Person, Ihnen zu helfen. Dann stellen Sie oder Ihre Hilfsperson den Teller mit den Na-ja-Guttis in etwa fünf Metern Entfernung von Ihrem Hund auf den Boden. Außerdem stecken Sie sich eine ganze Handvoll der Yeah-Guttis ein. Dann binden Sie Ihren Hund los, halten die Leine aber weiter in der Hand.

Warten Sie, bis sich Ihr Hund daran erinnert, dass Sie die Na-ja-Guttis auf den Boden gestellt haben. Das kann sich darin äußern, dass er zu den Leckerlis schaut, dass er witternd die Nase in die Luft hält oder dass er sich gleich in die Leine hängt. Sollte nichts in der Art passieren, gehen Sie mit Ihrem Hund etwas etwas näher an die Leckerlis heran. Achten Sie aber darauf, die Leine so kurz zu nehmen, dass Ihr Hund nicht an die Belohnung heranreicht. Sobald Sie bemerken, dass Ihr Hund das Futter in der Nase hat, geht es los: Sie bleiben stehen, markern und belohnen jeden Blickkontakt und jede kleine Nasenbewegung in Richtung Futter.

Nach jedem Marker halten Sie Ihrem Hund ein Yeah-Gutti vor die Nase und locken ihn damit über eine kleine Drehung vom Futter weg. Während er vom Futter am Boden wegschaut, wird er von Ihnen belohnt. Dann darf er wieder hinsehen. Sobald er erneut zum Futter schaut, markern Sie wieder, locken ihn zu sich her und füttern ihn. Dann lassen Sie ihn wieder zum Futter schauen, was Sie ein weiteres Mal belohnen können.

Um den Blickkontakt zum Futter zu unterstützen, schauen Sie selbst zum Futter hin, denn wenn Sie Blickkontakt zu Ihrem Hund halten, wird Ihr Hund vermutlich Sie anschauen und nicht das Futter.

Wichtig: Achten Sie beim Training darauf, dass Ihr Hund sich nicht angewöhnt, immer erst mal in die Leine zu rennen und Ihnen einen heftigen Ruck versetzt, um zu testen, ob er vielleicht mit genügend Schwung doch noch an das Futter am Boden heranreicht. Wir wollen ja ein „Stopp" trainieren und kein „Ich schau mal, ob die Leine hält". Außerdem soll das Ganze später auch ohne Leine funktionieren.

Der Blick zum Futter wird mit dem Markersignal markiert. (Foto: Michele Baldioli)

Es ist in Ordnung, wenn der Hund das am Anfang mal versucht und merkt, dass er das Futter nicht erreicht. Aber das Training ist wesentlich erfolgreicher, wenn Sie ihn hauptsächlich durch Ihr Markersignal stoppen, bevor sich die Leine spannt. Es hängt also einiges von Ihrem Timing ab. Markern und belohnen Sie oft, bevor Ihr Hund in die Leine rennt. Erwischen Sie den winzigen Moment zwischen der Wahrnehmung des Futters und dem Zu-ihm-Hinstürzen immer wieder mit Ihrem Marker und der Belohnung, bevor sich die Leine spannt, wird Ihr Hund sich angewöhnen, sich erst einmal an Ihnen zu orientieren, sobald er das Futter entdeckt hat.

Wiederholen Sie die Abfolge Hinschauen – Clicken – Füttern, bis Sie merken, dass Ihr Hund sein Hirn einschaltet. Das erkennen Sie daran, dass er sich nach Ihrem Markersignal sofort zu Ihnen umwendet, um seine Belohnung entgegenzunehmen, ohne dass Sie ihn locken müssen.

Jetzt versuchen Sie es: Sie lassen Ihren Hund wieder zum Futter hinschauen, markern aber (noch) nicht. Wenn Sie erkennen, dass Ihr Hund bewusst stoppt, bevor er das Leinenende erreicht, und dabei das Futter

Der Hund wird mit einer kleinen Drehung vom Futter weggelockt.
(Foto: Michele Baldioli)

Warum darf der Hund das Futter am Boden fressen?

Weil es ihm wichtig ist. Würden wir daran arbeiten, dass er das Futter, das am Boden liegt, nie bekommt, obwohl er es gern hätte, ist die Wahrscheinlichkeit sehr groß, dass er das Futter am Boden möglichst schnell aufnimmt, ohne dass Sie es merken. Daher erhält er das Futter am Boden aber erst und ausschließlich nach einer Freigabe. Ihr Hund lernt, dass es nicht nötig ist, Futter schnell und heimlich aufzunehmen, sondern dass es ausreicht, auf Ihre Freigabe zu warten. Diese Freigabe können Sie ihm im Ernstfall natürlich nicht immer geben, aber das fällt nicht so sehr ins Gewicht, wenn Ihr Hund das Futter möglichst oft nach Ihrer Freigabe vom Boden nehmen darf.

Wenn Sie nicht möchten, dass Ihr Hund etwas vom Boden frisst, können Sie das Futter vom Boden nach Ihrer Freigabe auch aufheben und Ihrem Hund zu fressen geben. So machen Sie noch deutlicher, dass Sie entscheiden, wann etwas vom Boden aufgenommen wird und wann nicht.

Wenn Ihr Hund verstanden hat, worum es geht, nähern Sie sich dem Napf. (Foto: Michele Baldioli)

anschaut, oder wenn Sie merken, dass Ihr Hund sich vor Erreichen des Leinenendes zu Ihnen herumdreht, markern Sie dieses supertolle Verhalten. Danach erhält er nicht nur ein Yeah-Gutti von Ihnen, sondern Sie geben Ihrem Hund deutlich erkennbar Ihr Freigabesignal und schicken ihn danach zum Futter, das er genüsslich verspeisen darf.

Die Abfolge im Überblick: Hund anbinden oder halten lassen – Futter auslegen – Hund an die Leine nehmen – Hund für das deutliche Wahrnehmen des Futters markern und belohnen, indem er kurz vom Futter weggelockt und dann gefüttert wird – wieder hinschauen lassen – wiederholen, bis er freiwillig stoppt oder sich vom Futter freiwillig abwendet – Belohnung/Freigabe.

Ihr Hund lernt: Wenn ich das Futter am Boden anschaue und dabei stehen bleibe, bekomme ich eine Belohnung, die noch viel cooler ist als das, was am Boden liegt. Und ich bekomme sogar das, was am Boden liegt, noch zusätzlich. Das ist die perfekte Voraussetzung für das weitere Training.

Steigerung

Bisher sind Sie ja noch in Ihrer Komfortzone: Das Futter steht weit genug weg, Ihr Hund kommt nicht dran und Sie können völlig relaxt für das nette Hinschauen zum Futter belohnen. Aber es ist Ihnen sicher schon klar, dass das nicht ausreicht. Also verringern wir die Entfernung zum Futter.

Die Abfolge im Überblick: Hund anbinden oder halten lassen – Futter auslegen – Hund an die Leine nehmen – Hund für das deutliche Wahrnehmen des Futters markern und belohnen – Stopp: Jetzt kommt etwas Neues.

Sie beginnen wie bisher auch: Ihr Hund nimmt das Futter wahr und wird dafür gemarkert und belohnt. Statt auf der Stelle stehen zu bleiben, bewegen Sie sich aber nach jeder Belohnung ein, zwei Schritte vorwärts. Sobald Ihr Hund das Futter wieder wahrnimmt, belohnen Sie und gehen etwas näher an das Futter heran. Wiederholen Sie das so lange, bis Sie merken, dass Ihr Hund unruhig wird, weil das Futter so nah ist.

Diese Unruhe kann sich zum Beispiel bemerkbar machen, indem Ihr Hund sich von dem Futter nicht mehr abwenden kann, an der Leine zieht oder immer wie-

der einen Satz nach vorn macht, um an das Futter zu gelangen.

Bleiben Sie an dieser Stelle stehen, gehen Sie nicht näher heran und üben Sie so lange weiter, bis er wieder seelenruhig nach dem Futter schauen und sich danach zu Ihnen umwenden kann. Dann üben Sie noch ein allerletztes Mal „Blickkontakt zum Futter – Blickkontakt zu Ihnen" und geben Ihrem Vierbeiner dann endlich die ersehnte Freigabe.

Üben Sie so lange, bis Sie unmittelbar vor dem Futter stehen können und Ihr Hund keinerlei Anstalten macht, sich das Futter einverleiben zu wollen, sondern brav auf seine Belohnung und Ihre Freigabe wartet.

Anstatt sich auf das Futter zu stürzen, wartet Ihr Hund auf Ihre Freigabe. (Foto: Michele Baldioli)

Generalisieren

Wenn Ihr Hund langsam versteht, was Sie von ihm wollen, machen Sie es schwieriger. Gleichen Sie Ihr Training immer weiter an die Situation während Ihres Spaziergangs an:

- Verändern Sie die Art des Futters: Üben Sie mit trockenem Toastbrot, trockener Rinderhaut, Trockenfutter. Steigern Sie dann mit Feuchtfutter, schmieren Sie Leberwurst auf das Toastbrot, nehmen Sie Pizzareste, Käsereste oder Ähnliches.
- Verändern Sie die Art, wie Sie das Futter darreichen: Nehmen Sie mal eine Schüssel, mal einen Teller, mal legen Sie ein eingepacktes Butterbrot auf den Boden, mal nur das Butterbrot ohne Verpackung.
- Verändern Sie immer mal wieder die Tageszeit, zu der Sie üben.
- Verändern Sie den Ort, an dem Sie üben. Beginnen Sie in der Wohnung, machen Sie im Garten weiter und nehmen Ihre Übung mit auf den Spaziergang.
- Lassen Sie auf Ihrem Spaziergang unauffällig Fressbares am Boden liegen und üben Sie mit Ihrem Hund das Stoppen vor dem Futter auf dem Rückweg.
- Lassen Sie von Freunden Fressbares auf dem Spaziergang verstecken.
- Verändern Sie mit jeder Trainingseinheit ein Kriterium: Mal verändern Sie die Art des Futters, mal die Tageszeit, mal den Ort, an dem Sie üben.

Lassen Sie Ihre Fantasie spielen und passen Sie Ihre Übungssituation in sehr kleinen Schritten immer weiter an die Spaziergehsituation an. Je kleinschrittiger Sie Ihr Trai-

Lassen Sie beim Spaziergang unbemerkt etwas fallen. (Foto: Michele Baldioli)

ning variieren, umso mehr Trainingssituationen erschaffen Sie und umso schneller lernt Ihr Hund.

Diese Übung ist die Basis für alle weiteren Lektionen. Nehmen Sie sich die Zeit und üben Sie intensiv.

Das Generalisieren ist das Schwierigste am Training. Die Übungen beherrschen Sie schnell. Jetzt kommt es darauf an, das Gelernte in Alltagssituationen zu übertragen. Üben Sie das intensiv und gehen Sie dabei systematisch vor: Was können Sie heute verändern? Wie gleichen Sie Ihre Übungssituation und Ihre individuelle Alltagssituation immer mehr einander an?

WAS FUNKTIONIERT:
Das Signal „Nix da"

Auf einem Spaziergang begegnen Ihnen meistens zwei Herausforderungen. Erstens: Sie sehen das Fressbare, bevor Ihr Hund es erreichen kann. Zweitens: Ihr Hund ist sehr viel schneller als Sie und findet das Fressbare, bevor Sie auch nur einen Blick darauf werfen können. Für beide Situationen gibt es passende Übungen. Beide Übungen sind wesentlich leichter durchzuführen, wenn Ihr Hund bereits das „Stoppen vor dem Futter" erlernt hat. Wir beginnen zunächst mit der Variante „Sie sehen das Futter am Boden, bevor Ihr Hund es sieht".

Das Signal „Nix da" zeigt Ihrem Hund, dass er sich vom Futter ab- und sich Ihnen zuwenden soll. Es ist ein Rückrufsignal und damit automatisch auch ein Abbruchsignal, das speziell an Futter geübt wird. Theoretisch könnten Sie auch Ihr Alltagsrückrufsignal „Fiffi, komm!" nehmen. Aber mal ehrlich: Wie gut funktioniert das wirklich?

Wenn sich Ihr Hund nach Ihrem „Fiffi, komm!" sofort herumdreht, freudestrahlend alles stehen und liegen lässt und mit Höchstgeschwindigkeit, eine Staubwolke hinter sich, zu Ihnen gelaufen kommt, dann bleiben Sie bei Ihrem Rückrufsignal und blättern Sie gleich zum nächsten Kapitel.

Wenn Ihr Hund beim Anblick der Pizzareste aber plötzlich vergisst, wie er heißt, und Sie die Staubwolke hinter sich herziehen, weil Sie verzweifelt versuchen, Ihren Hund noch rechtzeitig zu erwischen, empfiehlt es sich, ein neues Signal einzüben.

Nach dem Ende Ihres Trainingsprogramms sollte es auf Ihrem Spaziergang in etwa so aussehen: Sie bemerken, dass Ihr Hund etwas in der Nase hat. Und Sie sehen auch schon, wie er geradewegs auf ein vergammeltes Leberwurstbrot zusteuert. Sie sagen freundlich „Nix da" und Ihr Hund kehrt ohne zu zögern mit einem dicken Grinsen im Gesicht zu Ihnen zurück.

Er wird von Ihnen großzügig und passend belohnt, sodass sich das Grinsen nicht in ein enttäuschtes „Na warte, die Leberwurst hol ich mir doch noch" verwandelt, und Sie gehen beide weiter Ihrer Wege. Das geht natürlich nicht von jetzt auf gleich, sondern muss sorgfältig aufgebaut werden.

Babylevel

SCHRITT 1

Zur Vorbereitung suchen Sie sich zwei Arten Futter. Eine sollte höherwertiger sein als die andere: zum Beispiel ein kleines Stückchen

Wenn Ihr Hund an dem Gutti schnuppert, geben Sie freundlich Ihr „Nix-da"-Signal. (Foto: Michele Baldioli)

Trockenfutter (Na-ja-Guttis) und ein paar klein geschnittene Stücke Leberkäse (Yeah-Guttis). Füllen Sie jeweils 10 bis 15 Stück in eine kleine Schüssel und stellen Sie diese so in Reichweite, dass Sie herankommen, Ihr Hund aber nicht.

SCHRITT 2

Nehmen Sie ein Yeah-Gutti in die linke Hand und ein Na-ja-Gutti in die rechte Hand. Machen Sie um die Futterstückchen jeweils eine Faust, sodass Ihr Hund das Futter nicht erreichen kann. Wenn Sie den Clicker verwenden, nehmen Sie ihn in die Hand, in der das Yeah-Gutti ist. Dazu umfassen Sie das Gutti mit drei Fingern und zwischen Daumen und Zeigefinger halten Sie den Clicker. Auch hier können Sie wieder mit einem verbalen Markersignal arbeiten. Setzen Sie sich zu Ihrem Hund auf den Boden.

SCHRITT 3

Halten Sie Ihrem Hund die Hand mit den Na-ja-Guttis zuerst vor die Nase und lassen ihn daran schnuppern. Die Hand mit den Yeah-Guttis halten Sie hinter Ihren Rücken, sodass Ihr Hund nur die Na-ja-Guttis zu riechen bekommt. Wenn Ihr Hund an der Hand mit den Na-ja-Guttis riecht und Sie davon ausgehen können, dass er das Gutti in der Hand wirklich wahrgenommen hat, sagen Sie einmal ganz freundlich „Nix da".

Das Signal kommt also wie in freier Wildbahn immer dann, wenn Ihr Hund das Futter wahrgenommen hat, es aber noch nicht erreichen konnte. Nach Ihrem Signal halten

Warum freundlich?

Geben Sie das „Nix-da"-Signal im Training immer mit sehr freundlicher Stimme. Wenn Sie meinen, besonders nachdrücklich sein zu müssen, könnte es sein, dass Ihre Stimmlage für Ihren Hund bedrohlich wirkt. Daher kann es sein, dass er im Ernstfall denkt: „Jetzt muss ich das Futter schon wieder abgeben und bekomme es nicht zurück", denn diesen Tonfall kennt er von Ihnen ja schon von früher. Wenn Sie freundlich bleiben, bleibt Ihr Hund eher im Trainingsmodus als im Ich-muss-das-jetzt-schnell-runter-schlucken-bevor-es-mir-weg-genommen-wird-Modus. Also: Machen Sie einen guten ersten Eindruck und lächeln Sie!

Sie die geschlossene Hand neben sich auf den Boden, so wie später auch das Futter, das er draußen finden könnte, am Boden liegt. Und dann warten Sie einfach ab.

SCHRITT 4

Erwähnte ich schon, dass Sie jetzt abwarten sollten? Sie lassen Ihre Hand, wo sie ist, und beobachten Ihren Hund ganz genau. Der wird wahrscheinlich erst einmal alle Register ziehen, um an den Futterbrocken heranzu-

kommen. Er wird eventuell heftig schnaufend an Ihrer Hand riechen, mit der Nase dagegenstupsen und vielleicht versuchen, mit seinen Krallen Ihre Hand zu öffnen (sollte das sehr unangenehm sein, empfiehlt es sich, Handschuhe zu benutzen). Wichtig ist, dass er auf diese Weise auf keinen Fall an das Na-ja-Gutti herankommen darf. Er soll lernen: Widerstand ist zwecklos!

SCHRITT 5

Irgendwann ist es so weit. Ihr Hund tut etwas anderes, als nach dem Leckerli zu fischen. Er könnte seinen Kopf ein Stück zurückziehen

Wenn Ihr Hund vom Gutti zurückweicht, geben Sie Ihr Markersignal. (Foto: Michele Baldioli)

und verwirrt schauen. Er könnte innehalten, um nachzudenken. Er könnte am Boden schnuffeln, weil er gerade nichts anderes zu tun hat. Vielleicht setzt er sich auch zunächst hin, um sich eine ganz neue Strategie auszudenken.

Jedenfalls versucht er für den Bruchteil einer Sekunde nicht, an das Gutti zu gelangen. Dieses Etwas-anderes-Tun markieren Sie mit dem Markersignal, damit Ihr Hund sich merken kann, dass Sie dieses Verhalten gut finden und er es öfter zeigen soll.

Achtung, jetzt kommt der Trick! Nach dem Markersignal lassen Sie Ihre geschlossene Hand mit dem Na-ja-Gutti einfach da, wo sie ist. Sie wird zur Belohnung (noch) nicht geöffnet. Stattdessen locken Sie Ihren Hund nach dem Markersignal mit der anderen Hand, in der das Yeah-Gutti steckt, von Ihrer geschlossenen Hand weg auf Ihre andere Seite. Dazu müssen Sie ihm das Yeah-Gutti direkt vor die Nase halten und es nur langsam von ihm wegziehen. Wenn Sie Ihren Hund locken möchten, stellen Sie sich vor, Ihre Hand mit dem Lockleckerli wäre ein Magnet. Wenn Ihre Hand zu weit vom Hundekopf entfernt ist, lässt die Magnetwirkung nach. Wenn Sie merken, dass Ihr Hund Ihrer Hand nicht mehr folgt, sorgen Sie erneut für die Wirkung Ihres Handmagneten, indem Sie ihm Ihre Hand wieder genau vor die Nase halten.

Wenn Ihr Hund dem Yeah-Gutti bis auf Ihre andere Seite folgt, öffnen Sie Ihre Hand und lassen ihn das Yeah-Gutti fressen. Während er das Leckerli frisst, geben Sie ihm klar und deutlich Ihr verbales Freigabesignal. Nach dem verbalen Signal öffnen Sie die Hand mit dem Na-ja-Gutti und laden ihn über

Locken Sie Ihren Hund nach dem Markersignal auf Ihre andere Seite und geben Sie ihm das Yeah-Gutti. (Foto: Michele Baldioli)

Ihre Körpersprache ein, das Gutti zu nehmen. Dazu können Sie zum Beispiel Ihre Hand mit dem Na-ja-Gutti ein wenig bewegen, sodass Ihr Hund wieder darauf aufmerksam wird. Dann darf er wieder auf Ihre andere Seite wechseln und das Na-ja-Gutti fressen.

Durch diesen kleinen Kniff lernt Ihr Hund, dass er das Futter am Boden nur dann bekommt, wenn er sich Ihnen zuwendet und Sie nach seiner Belohnung das Futter am Boden freigeben. „Nur" zurückweichen und sich danach wieder auf das Futter stürzen, reicht für eine Belohnung und für die darauf folgende Freigabe nicht aus.

Was Ihr Hund lernt: Wenn er auf das Signal „Nix da" reagiert, indem er vom Na-ja-Gutti zurückweicht, bekommt er etwas viel Besseres und darf das, was er gefunden hat, behalten – sprich: Er bekommt zusätzlich noch das Na-ja-Gutti zur Belohnung. Das ist besonders wichtig für die Hunde, denen bisher immer alles unerwünscht Fressbare abgenommen wurde. Das alles bekommt er aber erst, nachdem er sich Ihnen voll und ganz zugewendet hat, und nicht eher.

Im Verlauf des Trainingsprogramms wird daraus ein Ritual: Ihr Hund bekommt das, was am Boden liegt, aber nur dann, wenn er vorher sowohl körperlich als auch geistig bei Ihnen ist. Achten Sie darauf, dass er das Na-ja-Gutti wirklich nur nach Ihrer Freigabe bekommt. Sonst gewöhnt er sich schnell daran, sich bei Ihnen das Yeah-Gutti abzuholen, um sich dann in Sekundenschnelle herumzuwerfen, um das, was am Boden liegt, doch noch schnell zu fressen. Er soll aber so lange körperlich und geistig bei Ihnen bleiben, bis Sie die Freigabe erteilen. Nur so können Sie und nicht nur Ihr Hund im Ernstfall entscheiden, ob er das Fressbare am Boden haben kann oder nicht. Wenn er aber dafür nicht auf die Freigabe wartet, wird es schwierig.

Also: Erst die verbale Freigabe geben – dann die optische (körpersprachliche) Freigabe erteilen – erst danach soll sich Ihr Hund von Ihnen lösen, um das Na-ja-Gutti in Empfang zu nehmen.

Achtung, Stolperfalle: Achten Sie darauf, dass Sie das Freigabesignal geben, solange Ihr Hund das Yeah-Gutti noch frisst, und nicht erst hinterher, wenn er schon auf dem Weg zum Na-ja-Gutti ist. Erst Ihre verbale

Freigabe in Verbindung mit Ihrer körpersprachlichen Einladung zeigt dem Hund, dass er das Na-ja-Gutti jetzt nehmen darf. Sollte er vorher losstürmen, schließen Sie Ihre Hand mit dem Na-ja-Gutti einfach wieder und wiederholen die Übung, dann aber mit dem richtigen Timing.

Das Timing ist im Aufbau sehr wichtig. Achten Sie jetzt, wo es einfach ist, ganz genau auf den Moment, in dem Sie das Verhalten mit Markerwort markieren – beim Zurückweichen vom Futter – bzw. in dem Sie die Freigabe erteilen – während der Belohnung. Später haben Sie keine Zeit mehr, sich über das richtige Timing Gedanken zu machen, dann muss es sitzen. Hier in diesem Babylevel-Rahmen können Sie das locker üben, und das sollten Sie auch. Denn Sie wissen ja: Wer zu spät kommt, den bestraft das vergammelte Leberwurstbrot.

Wenn Sie und Ihr Hund diese Übung verinnerlicht haben und sie Ihnen leicht von der Hand geht, können Sie gleich zur nächsten Übung weitergehen.

SCHWERPUNKTÜBUNG „FUTTER? ICH WILL GAR KEIN FUTTER!"

Na, sind Sie noch voll bei der Sache? Wenn Sie Ihre Arme bei der letzten Übung nicht völlig verknotet haben, können Sie jetzt hier weitermachen. Es ist nun an der Zeit, das Gelernte zu festigen und zu vertiefen, insbesondere das Abwenden vom Futter.

Wiederholen Sie die letzte Übung so lange, bis Ihr Hund nach Ihrem „Nix-da"-Signal automatisch zurückweicht, wenn Sie Ihre Hand mit dem Na-ja-Gutti neben sich auf den Boden halten.

Das wird auf jeden Fall irgendwann passieren, denn Ihr Hund ist ja ein schlaues Kerlchen und versteht nach mehr oder weniger Wiederholungen, dass er an das Na-ja-Futter in Ihrer Hand auf keinen Fall einfach so herankommen wird.

Wenn es so weit ist, erhöhen Sie Ihre Kriterien. Jetzt bekommt Ihr Hund das Yeah-Gutti nicht mehr, wenn er „nur" zurückweicht, sondern er soll sich nach Ihrem „Nix-da"-Signal bewusst vom Futter ab- und sich der Hand mit dem Yeah-Gutti zuwenden.

Jetzt sieht es so aus: Leckerlis in die Hände – Signal „Nix da" – Na-ja-Gutti-Hand auf den Boden. – Stopp! Jetzt kommt etwas Neues! Aufgepasst!

Der Ablauf im Einzelnen: Sie sagen also wieder „Nix da" und halten wie vorher auch Ihre Hand mit dem Na-ja-Gutti neben sich auf dem Boden und das Yeah-Gutti in der anderen Hand hinter Ihrem Rücken. Ihr Hund ist ja schon so weit, dass er gar nicht erst versucht, sich auf Ihre Hand mit dem Na-ja-Gutti zu stürzen. Wahrscheinlich wird er sie aber dennoch im Auge behalten wollen.

Aber in diesem Schritt reicht das nicht mehr aus. Jetzt wollen Sie mehr. Es ist Zeit für eine neue kleine Herausforderung. Warten Sie, bis Ihr Hund sich Ihnen oder Ihrer Hand mit dem Yeah-Gutti zuwendet. Am Anfang reicht ein kurzer Blick in die richtige Richtung. Jetzt gibt es zwei Möglichkeiten:

Möglichkeit A: Fiffi wendet sich vom Na-ja-Gutti ab und wirft einen kurzen Blick in Ihre Richtung oder in Richtung der Hand mit dem Yeah-Gutti. Hier ist Ihr perfektes Timing gefragt: Markern Sie mit Clicker oder verbalem Markersignal genau in der Millisekunde,

in der sich der Blick Ihres Hundes von Ihrer Hand mit dem Na-ja-Gutti lösen kann, denn das ist das Verhalten, das Sie sehen möchten! Nach dem Marker gehen Sie vor wie bisher auch: Sie locken, falls nötig, Ihren Hund ganz weg vom Na-ja-Gutti an die Seite mit dem Yeah-Gutti, öffnen die Hand mit dem Yeah-Gutti, lassen Ihren Hund das Gutti fressen, geben ihm das Freigabesignal und lassen ihn danach an das Na-ja-Gutti heran.

Bitte freuen Sie sich anständig mit und für Ihren Hund und wiederholen Sie das Spielchen in kurzen, über den Tag verteilten Übungssequenzen, bis Ihr Hund sich nach dem „Nix da" ohne zu zögern von der Na-ja-Gutti-Hand ab- und Ihnen bzw. der Yeah-Gutti-Hand zuwendet.

Möglichkeit B: Fiffi weiß überhaupt nicht, was er jetzt tun soll, und versucht, das Na-ja-Gutti unbedingt im Auge zu behalten oder doch irgendwie heranzukommen. In diesem Fall warten Sie ein paar Sekunden. Geben Sie Ihrem Hund Zeit, über das, was gerade passiert, nachzudenken. Vielleicht wird er noch mal zu Ihrer Hand mit dem Na-ja-Gutti schauen, vielleicht noch mal daran schnuppern.

Warten Sie einfach ab. Sie haben Ihren Hund mit den letzten Übungen sehr gut auf diese Situation vorbereitet. Es ist sehr wahrscheinlich, dass er sich Ihnen irgendwann zuwenden wird.

Sollten Sie aber merken, dass Ihr Hund total gefrustet ist und beginnt, an Ihrer Na-ja-Gutti-Hand zu kratzen, oder anderweitig völlig nervös wirkt, brechen Sie die Übung freundlich ab, knuddeln eine Runde mit ihm und wiederholen zunächst noch ein paarmal die vorherige Übung.

Das Futter darf erst nach der Freigabe gefressen werden.
(Foto: Michele Baldioli)

Sie haben Fiffi nun beigebracht, dass es sich lohnt, das Na-ja-Gutti in Ihrer Hand auf Ihr Signal „Nix da" hin komplett links liegen zu lassen. Zeit für den nächsten Schritt ist es, wenn Ihr Hund regelmäßig Möglichkeit A wählt.

SCHWERPUNKTÜBUNG
„NA GUT, ICH WARTE NOCH EIN WENIG"

Auch mit dieser Übung festigen und vertiefen wir das bisher Gelernte. Ihr Hund hat jetzt schon begriffen: Einfach zum Gutti zu stürmen, bringt keinen Erfolg. Er hat schon verstanden, dass er sich auf Ihr Signal „Nix da" hin vom Na-ja-Gutti abwenden und Ihnen zuwenden soll.

Jetzt lernt er noch einmal intensiv und schwerpunktmäßig, auf „das, was am Boden liegt", sprich: in dieser Übung das Na-ja-Gutti, so lange zu warten, bis Sie ihm klar erkennbar eine Freigabe erteilen. Und diese Freigabe erteilen Sie nur dann, wenn sich Ihr Hund so zusammenreißen kann, dass er nach dem Fressen des Yeah-Guttis noch kurz stehen bleibt und zu Ihnen schaut, um bewusst auf Ihre Freigabe für das Na-ja-Leckerli zu warten.

Es geht los: Den Anfang kennen Sie schon. Sie tun das, was Sie bisher immer getan haben. Sie wissen schon, die Sache mit den Leckerlis in den Händen und verbunden mit dem Signal „Nix da".

Leckerlis in die Hände – Signal „Nix da" – Na-ja-Gutti-Hand auf den Boden – warten, bis sich Ihr Hund Ihnen zuwendet statt dem Gutti – Click – Hand mit dem Yeah-Gutti öffnen – Yeah-Gutti fressen lassen. – Stopp! Jetzt kommt was Neues!

Neu ist: Nach dem Fressen des Yeah-Guttis geben Sie Ihr Freigabesignal nicht wie bisher, schon während der Hund frisst, sondern Sie warten einfach mal ab – das kennen Sie ja schon aus der letzten Übung. Jetzt gibt es wieder zwei Möglichkeiten.

Möglichkeit A: Fiffi zögert nach dem Fressen des Yeah-Guttis und rennt nicht gleich zum Na-ja-Gutti, weil er schon ein wenig verinnerlicht hat, dass Ihre Freigabe noch fehlt, also das Signal, das ihm sagt: „Jetzt darfst du's nehmen." Das ist genial, denn das ist genau das Verhalten, das Sie im Ernstfall sehen möchten. Also markieren Sie diese Genialität Ihres Hundes mit dem Markersignal, geben dann sofort Ihr Freigabesignal und er darf das Na-ja-Gutti fressen, begleitet von Ihren Hurra-Rufen.

Möglichkeit B: Fiffi stürmt nach dem Fressen des Yeah-Guttis sofort in Richtung der Hand mit dem Na-ja-Gutti, ohne dass Sie eine Freigabe erteilt haben. Dieses Verhalten ist in diesem Stadium Ihres Trainings sehr wahrscheinlich. Aber diesmal bekommt er das Na-ja-Gutti nicht sofort, denn es fehlt ja noch Ihre Freigabe.

Wahrscheinlich ist Ihr Hund jetzt etwas verwirrt, aber er hat schon gelernt: Wenn ich mich von diesem Gutti abwende, dann gibt es etwas Feines. Und genau darauf warten

Noch mal kurz zur Erinnerung: Die Freigabe ist wichtig! Warum?

Im Training bekommt Ihr Hund immer das, was am Boden liegt. Er lernt dadurch, dass es nicht notwendig ist, schneller oder geschickter zu sein als Sie, sondern dass Sie der „Quell alles Guten" sind, auf den zu achten sich lohnt. Er darf erst an das, was am Boden liegt, nachdem Sie ihm die Freigabe erteilt haben.
Nur so können Sie ihn im Ernstfall davon abhalten, sich doch noch schnell selbst zu bedienen. Ihr Hund soll also lernen, freiwillig und gern auf Ihre Freigabe zu warten. Denn dann wartet er zuverlässig!

Sie. In dem Moment, in dem sich Fiffi (noch einmal) vom Na-ja-Gutti lösen kann, ohne dass Sie ein zusätzliches Signal geben, und sich Ihnen zuwendet, markieren Sie das Verhalten mit Ihrem Markersignal und belohnen ihn (noch einmal) mit einem Yeah-Gutti. Das können Sie aus der Schüssel nehmen, die neben Ihnen auf dem Tisch steht. Das Na-ja-Gutti gibt es dann aber nicht! Das gibt es nur, wenn er auf Ihre Freigabe wartet und nicht versucht, sich selbst zu bedienen.

Nachdem Sie das Yeah-Gutti verfüttert haben, gibt es wieder unsere zwei Möglich-

keiten A oder B. Erst wenn Ihr Hund regelmäßig Möglichkeit A wählt, also zuverlässig auf
Ihr Freigabesignal wartet, ist es Zeit für den
nächsten Schritt.

Und nun etwas Abwechslung: So langsam
wird es Ihnen etwas langweilig, weil Sie das
ja alles schon aus dem Effeff beherrschen
und Ihr Hund sich nur noch ein müdes Gähnen abringt, wenn Sie das Na-ja-Gutti in die
Hand nehmen, um mit ihm zu üben? Das
können wir ändern!

Bevor wir die Übung variieren und den
Schwierigkeitsgrad erhöhen, lassen wir Fiffi
langsam, aber sicher so richtig das Wasser
im Mund zusammenlaufen. Suchen Sie sich
jetzt fünf Gutti-Arten verschiedener Wertigkeiten von „Geht so" bis „Wow, dafür lass ich
auch die Pizza liegen". Das könnten zum
Beispiel sein:

Leckereien, mit denen man üben kann.
(Foto: Michele Baldioli)

- Nummer 5: Trockenfutter
- Nummer 4: Pizzarand
- Nummer 3: Käse
- Nummer 2: Leberkäse
- Nummer 1: Streifen von Käsepfannkuchen

Lassen Sie Ihre Fantasie spielen! Von allen
Leckereien sollten Sie jeweils fünf kleine Por-
tionen (eine kleine Handvoll) anfertigen. Sind
Sie so weit? Dann kann es losgehen.

Wiederholen Sie alle bisherigen Übungen
von Anfang an. Ja, auch die allereinfachste
Übung! Statt Ihres bisherigen Na-ja-Guttis nehmen Sie aber die halbe Portion Ihrer Nummer-
5-Leckerei in die Hand. Als Yeah-Gutti nehmen
Sie die halbe Portion Ihrer Nummer-4-Leckerei.

Wenn das mittlerweile langweilig wird,
üben Sie als Nächstes mit der Nummer 4 als
Na-ja-Gutti und belohnen mit der Nummer 3

als Yeah-Gutti. Wenn Sie bei Nummer 1
angelangt sind, nehmen Sie nur ein ganz
kleines Stückchen von Nummer 1 als Na-ja-
Gutti und eine ganz besonders große Portion
von Nummer 1 als Yeah-Belohnung.

Auf diese Weise wiederholen Sie die
Übungen immer und immer wieder. Sie und
Ihr Hund bekommen jede Menge „Nix-da"-
Routine und Ihr Hund lernt gleichzeitig, sich
auch dann vom Futter abzuwenden, wenn es
richtig, richtig gut ist. Schaffen Sie das „Nix
da" auch schon mit Streifen von Käsepfannkuchen, Trockenfischen, Leberkäse und Pizzaresten? Super, dann ist es Zeit für den
nächsten Schritt!

Test: Nehmen Sie etwas ganz Tolles, zum Beispiel ein Stückchen Käsepfannkuchen, zur Hand. Setzen Sie sich auf den Boden, geben Sie das Signal „Nix da" und legen das Futter neben sich in der geschlossenen Hand auf den Boden. Dreht sich Ihr Hund sofort zu Ihnen um, statt sich auf Ihre Hand zu stürzen? Perfekt, dann können Sie mit der nächsten Stufe weitermachen.

Kindergartenlevel

Ihr Hund hat nun schon einige Wiederholungen mitgemacht. Jetzt ist es an der Zeit, die Übung schwieriger zu gestalten, denn auf Ihrem Spaziergang treffen Sie eher selten auf gut verpacktes Fressbares, sondern es liegt normalerweise griff- und schluckbereit mitten im Weg. Also beginnen Sie jetzt so zu üben, dass Ihr Hund das Futter nicht nur riecht, sondern auch sieht und theoretisch auch erreichen könnte.

Wie Sie beginnen, wissen Sie ja schon: Sie sitzen immer noch am Boden, ein Na-ja-Gutti in der einen Hand, ein Yeah-Gutti in der anderen … Alles Routine!

Es sieht also so aus: Guttis in die Hände – Signal „Nix da" geben – Na-ja-Gutti-Hand auf den Boden. – Stopp! Jetzt kommt was Neues!

Sie halten das Na-ja-Gutti nicht weiter in der geschlossenen Hand, sondern öffnen Ihre Hand, legen das Gutti auf den Boden und nehmen Ihre Hand wieder weg. Das Gutti liegt also offen da. Und hier haben wir wieder unsere zwei Möglichkeiten.

Möglichkeit A: Ihr Hund hat schon so viel Routine, dass er völlig cool das Leckerli betrachtet, aber keinerlei Anstalten macht,

Öffnen Sie Ihre Hand und legen danach das Leckerli auf den Boden, während Ihr Hund zuschaut. (Foto: Michele Baldioli)

es sich einzuverleiben. Perfekt! Dieses Verhalten markieren Sie und belohnen es mit dem Yeah-Gutti. Nachdem Ihr Hund gefressen hat, geben Sie ihm die Freigabe und er darf sich das immer noch offen liegende Na-ja-Gutti holen und verzehren.

Möglichkeit B: Ihr Hund denkt, er sieht nicht richtig, bedankt sich innerlich und stürzt sich sogleich auf das Na-ja-Gutti. Das ist der Moment, in dem Sie schnell sein müssen. Wenn Sie Ihren Hund sich auf das Gutti stürzen sehen, legen Sie Ihre Hand wieder über das Futterstück, damit er mit seinem Verhalten auf keinen Fall Erfolg hat. Warten

Sie, bis er zurückweicht, und nehmen Sie das Futterstückchen wieder an sich. Dann versuchen Sie es erneut. Sollte sich Fiffi wieder für Variante B entscheiden, wissen Sie, dass Sie das Zurückweichen vom Futter noch ein wenig auf Babylevel vertiefen müssen.

Erst wenn sich Ihr Hund regelmäßig für Variante A entscheidet, ist es Zeit für den nächsten Schritt. Herzlichen Glückwunsch! Selbst, wenn Futter offen neben Ihnen am Boden liegt, kann sich Ihr Hund schon etwas zurückhalten. Um das zu vertiefen, wiederholen Sie jetzt die Schwerpunktübungen aus dem letzten Abschnitt: „Futter? Ich will gar kein Futter!", und: „Na gut, ich warte noch ein wenig." Jetzt allerdings üben Sie jedes Mal mit offen daliegendem Futter.

Und wenn das perfekt funktioniert, ist es wieder Zeit für Abwechslung. Wiederholen Sie die Übungen mit offen daliegendem Futter, aber nehmen Sie, um die Schwierigkeit zu steigern, immer bessere Dinge.

Test: Nehmen Sie sich ein Stückchen Käsepfannkuchen zur Hand, oder vielleicht haben Sie ja auch eine gerade geöffnete Packung Leberkäse im Kühlschrank stehen? Setzen Sie sich auf den Boden, geben Sie das Signal „Nix da", legen das Futter neben sich und nehmen die Hand weg. Dreht sich Ihr Hund sofort zu Ihnen um, statt sich auf das Futter zu stürzen? Perfekt, dann können Sie mit dem nächsten Schritt weitermachen.

Grundschullevel

Schmerzt Ihr Hinterteil schon vom vielen Sitzen am Boden? Dann ist es jetzt an der Zeit, mal aufzustehen und im Gehen zu üben. Ziel

„Warum Brustgeschirr?"

Es kann bei dieser Übung passieren, dass Ihr Hund aus lauter Begeisterung vergisst, dass er angeleint ist, und in die Leine rennt, um das Futter zu erreichen. Mit Halsband würde er dann einen fiesen, gesundheitlich bedenklichen Ruck an der Halswirbelsäule bekommen. Ein gut sitzendes Brustgeschirr verhindert diesen Ruck.

der Übung ist es, dass Ihr Hund sich nach Ihrem Signal „Nix da" von offen daliegendem Futter abwendet, während Sie mit ihm am Futter vorbeigehen.

Zur Vorbereitung brauchen Sie:
* wieder Belohnungen mit zweierlei Wertigkeit: Na-ja und Yeah,
* Brustgeschirr,
* Leine,
* Teller oder Schüssel,
* genügend Platz, um zu üben – entweder im großen Wohnzimmer, im Garten oder auf einer Wiese.

Der Übungsaufbau: Sie füllen die Schüssel oder den Teller mit ein paar wenigen Na-ja-Guttis und stecken sich selbst ein paar Yeah-Guttis ein. Der Teller ist dafür da, dass Sie und Ihr Hund besser sehen, wo am Boden sich die Guttis genau befinden. Dann stellen Sie den Teller mit den Na-ja-Guttis auf den Boden. Ihr Hund darf bei diesen Vorbereitungen gern zusehen, er sollte allerdings einige Meter vom Geschehen entfernt angeleint sein, damit seine Aufregung sich ein wenig in Grenzen hält. Wahlweise können Sie auch eine zweite Person um Hilfe bitten, die den Teller mit den Leckerlis auf Ihre Anweisung hin auf den Boden stellt.

Jetzt denken Sie sich ein Dreieck. An einer Spitze des Dreiecks befindet sich der Teller mit dem Futter. An einer anderen Spitze befinden Sie sich mit Ihrem Hund, mindestens 3 bis 4 Meter entfernt. Wählen Sie den Abstand so, dass Ihr Hund das Futter zwar wahrnehmen kann, aber noch nicht völlig

ausrastet, um dorthin zu gelangen. Wählen Sie zu Beginn im Zweifel lieber einen größeren Abstand. Ihr Ziel ist es, mit Ihrem Hund an gerader Linie am Futter vorbei zur dritten Spitze zu gelangen. Die Leine ist dabei so kurz, dass Ihr Hund auf keinen Fall an das Futter heranreicht. Er sollte in dieser Übungseinheit mindestens einen Meter Abstand zum Futter haben, egal, wie sehr er an der Leine ziehen sollte. Berücksichtigen Sie das bei Ihrer Leinenlänge, dem Abstand zum Futter, und rechnen Sie auch einen kleinen Ausfallschritt von sich selbst mit ein, falls Ihr Hund heftig zum Futter ziehen sollte.

Sollte Ihr Hund zum Futter ziehen, bleiben Sie stehen. Chance vertan.
(Foto: Michele Baldioli)

ERSTE VARIATION

Sie stellen sich mit Ihrem Hund an eine Spitze des Dreiecks. Warten Sie, bis Ihr Hund das am Boden liegende Futter wahrnimmt, indem er dorthin schaut, wittert oder schon den einen oder anderen Schritt in Richtung des verführerischen Futters unternimmt.

Wenn er das Futter wahrgenommen hat, geben Sie Ihr „Nix-da"-Signal. Achten Sie darauf, dass Sie das Signal geben, bevor Ihr Hund in die Leine läuft, damit er sich an Ihr Signal als „Stopp" gewöhnt und nicht an das Ende der Leine. Und Sie kennen ja schon die zwei Möglichkeiten.

Möglichkeit A: Ihr Hund dreht sich sofort zu Ihnen um, obwohl er das Futter in der Nase hat. Das bedeutet Party! Sie markieren das Umwenden zu Ihnen mit dem Marker, loben Ihren Hund überschwänglich und mitreißend und geben ihm dann sein Yeah-Gutti. Während er es frisst, geben Sie ihm Ihr Freigabesignal und überlassen ihm dann das Na-ja-Gutti, das am Boden auf dem Teller liegt. Loben Sie ihn und freuen Sie sich!

Möglichkeit B: Ihr Hund ignoriert Ihr „Nix da", stürmt einfach los und wird nur durch die Leine gebremst. Jetzt ist Ihre gute Koordination gefragt.

Maßnahme 1: Sie bleiben sofort stehen. Ihr Hund kann sich auf den Kopf stellen, aber er kommt auf keinen Fall an das Futter heran, indem er an der Leine zieht.

Maßnahme 2: Sie warten, bis Ihr Hund sich etwas beruhigt hat und sich von allein zu Ihnen herumdreht. Je weiter Sie vom Futter entfernt sind, umso leichter ist es. Hier zeigt sich, wie wohlüberlegt Sie Ihren Abstand gewählt haben. Sobald er sich herumdreht, markieren Sie das Verhalten mit „Click" und bieten ihm das Yeah-Gutti an. Gehen Sie dabei nicht näher an das Futter am Boden, sondern locken Sie Ihren Hund mit dem Yeah-Gutti an den Ort, an dem Sie gerade stehen. Das Yeah-Gutti darf er fressen. Aber: Sie erteilen keine Freigabe. Das Na-ja-Gutti, das er unbedingt haben wollte, bekommt er jetzt leider nicht mehr.

Ihr Hund lernt: Sofortiges Herumdrehen wird belohnt und er darf zusätzlich noch das Futter vom Boden nehmen. Wenn er sich vorher in die Leine hängt, bekommt er zwar das Yeah-Gutti, sobald er die Leine wieder locker lässt. Aber die Leckerlis vom Boden gibt es dann nicht mehr.

Wiederholen Sie das Ganze, aber mit etwas mehr Abstand zum Futter am Boden. Wenn Ihr Hund erneut Möglichkeit B wählt, versuchen Sie es noch ein drittes Mal, diesmal mit noch mehr Abstand. Sollte auch das nicht helfen, gehen Sie einige Trainingsschritte zurück und vertiefen zunächst die Übungen vorher.

Wenn Ihr Hund regelmäßig Möglichkeit A wählt, ist es Zeit, die Schwerpunktübungen aus dem letzten Teil noch einmal durchzuführen, diesmal im Stehen:

- „Futter? Ich will gar kein Futter!": Wiederholen Sie diese Übung, bis Ihr Hund sich nach dem „Nix da" nicht nur zu Ihnen herumdreht, sondern sogar bis zu Ihnen gelaufen kommt.
- „Na gut, ich warte noch ein wenig": Wiederholen Sie diese Übung, bis Ihr Hund nach dem Fressen des Yeah-Guttis eindeutig auf Ihre Freigabe wartet.

Wiederholen Sie die letzten Schritte mit Guttis immer höherer Wertigkeit, bis Ihr Hund selbst frisch gebackene Käsepfannkuchen mit einem Schulterzucken liegen lässt.

ZWEITE VARIATION: IN BEWEGUNG!

Sie erinnern sich an unser Dreieck? Der Übungsaufbau ist der gleiche wie im letzten Abschnitt. Doch diesmal bewegen Sie sich tatsächlich von der einen Spitze des Dreiecks zur nächsten. Die Hütchen helfen Ihnen als Markierungen dabei, nicht unbewusst dem Fressnapf auszuweichen, sondern bewusst in einer geraden Linie am Fressnapf vorbeizugehen. Das Futter wird wieder auf dem Teller bzw. in der Schüssel ausgelegt. Wenn Sie merken, dass Ihr Hund das Futter wahrgenommen hat, gehen Sie einen Schritt in Richtung andere Dreieckspitze – nicht in Richtung Futter.

Im Losgehen, wenn Ihr Hund zum Futter schaut oder es gleich ansteuert, geben Sie Ihr Signal „Nix da". Und wie immer gibt es auch hier zwei Möglichkeiten:

Möglichkeit A: Nach Ihrem Signal „Nix da" dreht sich Ihr Hund sofort zu Ihnen herum, um das Yeah-Gutti in Empfang zu nehmen.

Gehen Sie nach dem Marker weiter, loben Sie und belohnen Sie am nächsten Hütchen.
(Foto: Michele Baldioli)

Markieren Sie das Verhalten mit „Click" und gehen laut und aufmunternd lobend und mit dem Yeah-Gutti winkend weiter bis zur anderen Dreieckspitze. Dort erhält Ihr Hund sein Yeah-Gutti, Ihre Freigabe und darf dann das Na-ja-Gutti fressen.

Möglichkeit B: Ihr Hund zischt bei Ihrem ersten Schritt vorwärts sofort in Richtung Fressen, die Leine spannt sich. Das „Nix da" interessiert ihn nicht. Das Schöne ist, dass Sie jetzt nichts Neues mehr lernen müssen. Reagieren Sie fast so wie in der letzten Übung: stehen bleiben, auf Umorientierung warten, heranlocken, dabei bis zum nächsten Hütchen gehen, dort füttern, aber keine Freigabe für das Futter am Boden erteilen, mehr Abstand wählen, wiederholen.

Wenn sich nach drei Wiederholungen nichts ändert, gehen Sie wieder einen Schritt zurück und üben erst mal wieder im Stehen, ohne loszugehen.

Wenn Ihr Hund der Meinung ist, dass Möglichkeit A für ihn dauerhaft das Allerbeste ist, wiederholen Sie wieder die Schwerpunktübungen und üben zusätzlich mit Futter verschiedener Wertigkeit.

Entfernung verringern: Das bisherige Training kann Ihnen nur noch ein müdes Gähnen entlocken? Na gut, sorgen wir für ein wenig Adrenalin. Wiederholen Sie die letzte Übung, aber gehen Sie näher an das Futter heran. Allerdings verkürzen Sie jetzt dementsprechend auch die Leine, damit Ihr Hund auch in der näheren Entfernung auf keinen Fall an das Futter herankommt. Aber er hat jetzt schon richtig Übung und Routine, und die Wahrscheinlichkeit ist sehr groß, dass er es nicht mehr versucht.

Falls doch, gehen Sie genauso vor wie in der letzten Übung. Es gibt nur einen kleinen Unterschied: Wenn Ihr Hund zum Futter zieht, gibt es dafür nichts mehr, kein Yeah-Gutti, kein Na-ja-Gutti. Er lernt: Wenn ich auf „Nix da" reagiere, bekomme ich sofort ein tolles Gutti und darf auch noch vom Boden fressen. Will ich das am Boden haben und reagiere nicht, gibt es nichts! Die Alles-oder-nichts-Entscheidung liegt ganz bei ihm.

Aber auch hier gilt: Konnte Ihr Hund sich dreimal hintereinander nicht beherrschen, gehen Sie wieder einen Trainingsschritt zurück. Haben Sie keine Hemmungen, das ist völlig normal. Sie lernen beide noch, da gibt es auch mal kleine Rückschritte. Je schneller Sie die auffangen und es vorübergehend wieder etwas leichter machen, umso schneller sind Sie wieder auf dem alten Stand und kommen auch darüber hinaus.

Sie trainieren diesen Teil so lange in kleinen Übungseinheiten, bis Sie fast über das Futter stolpern, Ihr Hund aber sofort davon ablässt, wenn Sie „Nix da" sagen – egal, was da liegt. Das ist noch nicht genug Adrenalin? Dann ist es Zeit für die nächste Übung – das Ganze ohne Leine!

Das Gymnasium

Sie denken, ohne Leine klappt das sowieso nicht? Doch vor ein paar Tagen hätten Sie auch nicht damit gerechnet, dass Ihr Hund mit Ihnen an lockerer Leine an Futter vorbeigehen kann. Also nur Mut! Schließlich haben Sie in den letzten Tagen geübt, trainiert und viel Routine bekommen. Da sollte Sie das bisschen Kontrollverlust nicht schrecken.

Aber wir gehen wie immer erst einmal auf Nummer sicher – nur für den Fall, dass Sie aus Nervosität auf einmal vergessen, wie das Signal heißt, das Sie eigentlich üben wollten. Deswegen ist während dieser Übungen der Hund nicht gesichert, aber das Futter. Sie brauchen dafür:

- Leine,
- Brustgeschirr,
- zweierlei Guttis,
- Teller oder Schüssel,
- einen Deckel mit Löchern, einen Plastikbecher oder eine Hilfsperson.

Wenn Sie allein üben, nutzen Sie eine Sicherung, durch die der Hund das Futter zwar riechen kann, es aber nicht erreicht – beispielsweise eine Schüssel mit einem durchlöcherten Deckel, eine Käseglocke mit einem stabilen Netz, einen Pappkarton mit Löchern im Deckel oder einen stabilen Plastikbecher.

Leinen Sie Ihren Hund in der Nähe an, damit er sieht, was Sie tun. Sie legen ein paar Na-ja-Guttis in das gesicherte Behältnis. Dann gehen Sie zurück zu Ihrem Hund und leinen ihn ab. Wenn er bei Ihnen bleibt und nicht gleich losstürmt – auch und gerade dann, wenn Sie nichts gesagt haben –, markieren Sie dieses vorbildliche Verhalten und belohnen ihn großzügig, denn schließlich ist das absolut erwünschtes Verhalten. Die Wahrscheinlichkeit ist aber größer, dass er gleich losstürmt. Sollte das der Fall sein, geben Sie sofort Ihr „Nix-da"-Signal. Auch hier gibt es wieder zwei Möglichkeiten.

Möglichkeit A: Ihr Hund hört „Nix da" und zögert. Er ist ganz hin- und hergerissen zwischen dem Wunsch, endlich zum Futter zu

Warum ist es so wichtig, dass der Hund das Futter erst wahrnimmt, bevor wir rufen?

Weil das genau dem entspricht, wie es später auch in der Realität aussieht. Der Hund nimmt das Futter wahr, schnüffelt, läuft hin, sieht es, und oft können wir erst dann reagieren, weil wir erst so merken, dass er etwas vor der Nase hat. Wenn Sie den Hund rufen, bevor er das Futter wahrgenommen hat, ist das Ablenkung, aber kein Training.

gelangen, und Ihrem Signal. Perfekt! Markieren Sie das Zögern sofort und loben ihn überschwänglich zu sich her. Feuern Sie ihn an! Mit etwas Glück dreht er dann zu Ihnen um, statt zum Futter zu laufen. Dafür bekommt er wieder das Yeah-Gutti und die Freigabe.

Möglichkeit B: Er hört „Nix da" und ignoriert Sie komplett. Nun gut, dann gehen Sie zu Ihrem Hund, leinen ihn an und gehen mit ihm zum Ausgangspunkt zurück. Eine Belohnung bekommt er dafür nicht. Am Ausgangspunkt leinen Sie ihn wieder ab und wiederholen die Übung.

Warten Sie, bis er noch mal zum Futter schaut, sagen Sie ihm dann rechtzeitig und freundlich noch einmal „Nix da", und wenn er sich dann zu Ihnen herumdreht, bekommt er das Yeah-Gutti und die Freigabe. Sollte das wieder nicht funktionieren, können Sie es noch ein drittes Mal versuchen. Falls auch der dritte Versuch fehlschlägt, machen Sie die Übung leichter, indem Sie Ihren Hund erst einmal wieder anleinen.

Wiederholen Sie die Übung so lange, bis sich Ihr Hund regelmäßig für Variante A entscheidet, und zwar bevor er zum Futter rennt und erst mal testet, ob er drankommt oder nicht. Aber Sie sind ja jetzt schon Profis, alle beide. Das sollte nicht lange dauern. Und Sie wissen: Sollte es doch länger dauern, machen Sie es vorübergehend wieder etwas ein-facher und gehen einen Schritt zurück.

Jetzt sind Sie schon so weit gekommen, da macht es Ihnen sicher nichts aus, vorsichtshalber auch noch mal unsere Schwerpunktübungen „Futter? Ich will gar kein Futter" und „Na gut, ich warte noch ein wenig ..." zu wiederholen. Nur um auf Nummer sicher zu gehen. Wenn das klappt, machen Sie es noch schwieriger und gehen ohne Leine am Fressnapf vorbei. Und auch hier dürfen Sie wieder mit der Art des Futters spielen. Dabei steigern Sie aber nicht nur die Art des Futters, sondern machen nach und nach auch die Art der Präsentation schwieriger, sprich: Sie sichern das Futter immer weniger. Das kann zum Beispiel so aussehen:

- Level 1 – Die Futterdose ist fest verschlossen mit Löchern im Deckel.
- Level 2 – Der Deckel liegt nur noch lose auf.
- Level 3 – Der Deckel liegt gar nicht mehr auf.
- Level 4 – Statt einer Dose nehmen Sie einen Teller und legen nur ein dünnes Tuch über das Futter.

- Level 5 – Sie lassen das Tuch weg.
- Level 6 – Das Futter liegt deutlich sichtbar offen da.
- Level 7 – Sie durchlaufen die letzten Levels immer wieder mit immer besserem Futter.

Sie können hier ganz Ihre Fantasie spielen lassen. Nehmen Sie einen dünnen Papp- oder Pizzakarton oder Futter, das in ein Tuch eingewickelt ist. Oder Sie nutzen verpackte Wurst und öffnen die Verpackung mit der Zeit immer weiter, bis die Wurst offen daliegt. Überlegen Sie mal, was Ihnen und Ihrem Hund auf einem Spaziergang alles begegnen und passieren könnte.

Das Gymnasium: am Futter vorbei ohne Leine.
(Foto: Michele Baldioli)

Und hier noch die Variante mit der Hilfsperson: Statt dass Sie das Futter durch einen Deckel sichern, stellt sich die Hilfsperson neben den Teller mit dem Futter. Sollte Ihr Hund zielgerichtet das Futter ansteuern, statt auf Ihr „Nix da" zu reagieren, deckt die Hilfsperson schnell das Futter mit der Hand ab, sodass Ihr Hund nicht hinkommt. Sonst ist der Übungsablauf gleich.

Haben Sie Spaß bis jetzt? Das ist das Wichtigste! Freuen Sie sich über jeden kleinen Fortschritt, den Sie und Ihr Hund machen. Genießen Sie die gemeinsame Zeit und zeigen Sie Ihrem Hund deutlich, wenn er etwas richtig gemacht hat. So lernen Sie ihn auch immer besser kennen und können besser abschätzen, wann Sie ihn in echten „Das-fress-ich-gleich"-Situationen rufen müssen.

Die Universität

Und wenn es bisher richtig gut funktioniert und Spaß macht, dürfen Sie jetzt munter mischen. Üben Sie mit Ihrem Hund in allen nur erdenklichen Variationen:

- Ort: Üben Sie im Haus, im Garten, beim Spaziergang.
- Tageszeit: Üben Sie mal morgens, mal abends, mal einfach zwischendurch.
- Art des Futters: Das kennen Sie schon.
- Variieren Sie die Entfernung zum ausgelegten Futter.
- Variieren Sie die Entfernung zwischen sich und Ihrem Hund.
- Üben Sie mit und ohne Leine.
- Sie können das Futter selbst auslegen oder von jemand anderes auslegen lassen.

- Sie können das Futter zur Abwechslung auch in Augenhöhe des Hundes auf einen Stuhl legen.
- Das Futter könnte in der Küche von der Arbeitsplatte fallen, während Sie das Essen zubereiten.
- Es könnte Ihnen auch beim Spaziergang aus der Hand fallen.

Legen Sie großen Wert darauf, das Futter immer wieder anders zu präsentieren: Mal sichern Sie es mit einem festen Deckel – vielleicht zu Beginn einer Trainingssession –, dann legen Sie den Deckel nur leicht auf, mal nutzen Sie nur einen Teller, den Sie mit einem Tuch abdecken, mal liegt das Futter offen da, mal legen Sie eine ganze Wurstpackung aus, mal öffnen Sie die Packung an einem Ende, mal reißen Sie sie ganz auf.

Sie haben richtig gelesen: Wenn Sie systematisch genug vorgehen, haben Sie jetzt einen Hund, der sich auch von einer geöffneten Wurstpackung abrufen lässt.

Wichtig ist, dass Sie immer daran denken: Wenn etwas mal nicht funktioniert hat, machen Sie es vorübergehend wieder etwas einfacher. Sollte Ihr Hund einmal zu schnell für Sie sein und trotz aller Vorsicht an das von Ihnen ausgelegte Futter gelangen, gestalten Sie die nächsten Übungen leichter und sichern Sie das Futter so, dass er es auf keinen Fall erreichen kann. Wenn Ihr Hund immer und immer wieder Erfolg hat und Ihr offen daliegendes Futter zum x-ten Mal hintereinander inhaliert, verzögert das Ihr Training, und das ist unnötige Zeitverschwendung. Gehen Sie lieber auf Nummer sicher und setzen Sie nur ab und zu gezielt alles auf eine Karte. Sie werden merken: Wenn Sie allmählich die entsprechende Routine bekommen, werden Sie immer mutiger.

Und wie läuft das beim Spaziergang?

Endlich ist der große Tag gekommen: Sie ziehen gemeinsam los zum großen Spaziergang. Und da ist es, das Leberwurstbrot, einsam und vergessen liegt es da. Ihr Hund kann das Elend nicht mitansehen und möchte es gern retten.

Er steuert zielgerichtet darauf zu. Und Sie? Sie flöten freundlich: „Nix da."

Wenn Sie bisher intensiv und systematisch trainiert haben, wird Ihr Hund im schlechtesten Fall zögern und sich im besten Fall sofort zu Ihnen herumwerfen. Wenn er zögert, haben Sie zumindest schon einen Fuß in der Tür. Perfekt!

Jetzt sorgen Sie nach dem Zögern gleich dafür, dass Ihr Hund das Futter am Boden sofort wieder vergisst.

Markern Sie für das Zögern und dann loben und freuen Sie sich riesig. Warten Sie nicht, ob Ihr Hund von allein kommt, sondern unterstützen Sie ihn verbal und mit viel Jubel bei der richtigen Entscheidung. Ihr Hund hat ja schon gelernt, dass er jedes Mal, wenn er etwas am Boden findet, zunächst etwas von Ihnen bekommt.

Das bedeutet, dass er nach dem Marker und allerspätestens während Ihres dicken fetten Lobes zu Ihnen kommt. Dann belohnen Sie ihn extrem großzügig, denn das ist genau das Verhalten, das Sie von Ihrem Hund gern hätten. Jetzt gibt es wieder unsere zwei Möglichkeiten.

Möglichkeit A: Wenn Sie genau abschätzen können, dass das „gefundene Fressen" völlig harmlos und ungefährlich für Ihren Hund ist, können Sie ihm für seine tolle Mitarbeit ein Freigabesignal geben und ihm etwas von dem, was am Boden liegt, überlassen. Das wäre hier die perfekte Belohnung, da Sie sein Bedürfnis, das Futter vom Boden aufzunehmen, genau befriedigen. Aber das geht natürlich nicht immer.

Möglichkeit B: Ihr Hund darf das, was am Boden liegt, auf keinen Fall haben. Das ist aber nicht tragisch, denn Sie locken ihn nach dem Marker mit Ihren supertollen Guttis von dem Brocken am Boden weg. Wenn Sie genügend Abstand haben, damit Ihr Hund nicht wieder zurücksprintet, belohnen Sie ihn hier bedürfnisgerecht. Das könnte zum Beispiel eine Leckerli-Spur sein, die Sie am Boden legen, oder ein Futterdummy, das Sie verstecken und das er holen darf.

Da dürfen Sie ruhig kreativ sein. Achten Sie darauf, dass Sie nach einer solchen Situation immer eine oder zwei kleine Trainingseinheiten einlegen, in denen Ihr Hund das, was am Boden liegt, auch vom Boden haben darf. Dann fallen die Situationen, in denen er das Unaussprechliche nicht haben darf, nicht mehr so sehr ins Gewicht.

Und wenn das „Nix da" noch nicht funktioniert, weil Sie mit dem Training gerade erst begonnen haben? Nun, dann sollten Sie im Buch ein wenig weiterblättern zu den „Notfallsignalen". Die helfen Ihnen, den Spaziergang unbeschadet zu überstehen, bis das Training und Ihr „Nix da" wirklich perfekt sitzen.

WAS FUNKTIONIERT:

Das Anzeigeverhalten „Nur gucken, nicht schlucken!"

Es ist schon richtig gut, wenn Sie Ihren Hund von etwas abrufen können, was er eigentlich genau in diesem Moment so gern fressen möchte. Wenn Sie das geschafft haben, sind Sie schon ein gutes Stück weiter. Aber: Was ist, wenn Sie das Fressbare nicht vor Ihrem Hund sehen? Wenn er auf einmal über eine alte Pizzaschachtel samt Inhalt stolpert und Sie nicht rechtzeitig „Nix da" rufen können? Wäre es nicht sinnvoll, wenn Ihr Hund lernt, wie er Ihnen zeigen kann, dass da was am Boden liegt, statt es gleich aufzufressen?

Das ist die hohe Schule. Denn hier agiert Ihr Hund völlig gegen seine Natur. Wenn man bedenkt, wie viele Menschen die Contenance verlieren, wenn sie eine geöffnete Chipstüte vor der Nase haben, kann man sich ungefähr vorstellen, wie es dem Hund in so einem Moment geht. Deswegen gehen wir auch hier sehr kleinschrittig vor.

Vorüberlegung

Überlegen Sie sich vor Übungsbeginn: Wie soll Ihnen Ihr Hund anzeigen, dass er am Boden etwas gefunden hat? Das Anzeigeverhalten muss mehreren Kriterien entsprechen:

- Es muss für Sie leicht erkennbar sein.
- Ihr Hund muss es körperlich leicht ausführen können.
- Ihr Hund muss das Verhalten auch in einiger Entfernung zu Ihnen zeigen können.
- Ihr Hund muss es sehr, sehr gern ausführen.
- Es sollte auch im Winter oder im Hochsommer leicht durchführbar sein.
- Es sollte kein Verhalten sein, das dem Hund durch Strafen beigebracht wurde. Wenn Sie Ihrem Hund zum Beispiel „Sitz" beigebracht haben, indem Sie seinen Hintern zu Boden gedrückt haben, ist das Verhalten als Anzeigeverhalten unbrauchbar.

Was käme also infrage? Bei körperlich gesunden Hunden wäre es möglich, ihnen beizubringen, sich hinzusetzen, wenn sie Futter sehen. Bei Hunden, die körperlich etwas angeschlagen sind oder sich aus sonstigen Gründen nicht gern setzen, könnte ein intensiver Blickkontakt zu Ihnen ausreichen. Manche Hunde könnten die Pfote heben, um Fressbares anzuzeigen. Platz halte ich für weniger sinnvoll, da Fiffi dann eventuell schon mit der Nase im Futter liegt. Überlegen Sie sich etwas, was zu Ihnen beiden passt! Was Sie außerdem noch brauchen:

- Brustgeschirr
- Leine
- Guttis zweierlei Wertigkeit auf einem Teller oder in einem stabilen Plastikbecher

Der Start: Stoppen vor dem Futter

Das kennen Sie ja schon aus dem ersten Kapitel. Wiederholen Sie die Übung „Stoppen vor dem Futter" mit Fressbarem in etwa fünf Metern Entfernung ein paar Mal, bis Sie merken, dass Sie und Ihr Hund wieder wissen, worum es geht, sprich: so lange, bis Ihr Hund wieder freiwillig stoppt und das Futter anschaut, ohne gleich darauf zuzulaufen. Auch hier können Sie die Übungen aus dem ersten Teil zum Vertiefen durchführen:

- „Futter? Ich will gar kein Futter": Warten Sie nach ein paar Wiederholungen, bis sich Ihr Hund selbstständig zu Ihnen herumdreht, wenn er das Futter sieht. Erst dann wird belohnt.

- „Na gut, ich warte noch ein wenig": Sollte er Ihre Freigabe nicht abwarten und gleich nach dem Verfüttern eines Yeah-Guttis losstürmen wollen, halten Sie ruhig die Leine und warten Sie, bis er sich Ihnen wieder voll und ganz zuwendet und auf Ihre Freigabe warten kann.

Und natürlich können Sie diese Übungen alle mit Futter verschiedener Wertigkeiten durchführen, bis Sie schließlich Ihren Hund dazu bringen, in einiger Entfernung von einem großen Käsepfannkuchen stehen zu bleiben und zu Ihnen zu schauen. Denn er weiß ja, dass dann von Ihnen etwas ganz Tolles zu erwarten ist.

Entfernung verringern

Üben Sie wie im Kapitel „Stoppen vor dem Futter" beschrieben, bis Ihr Hund etwa 30 Zentimeter vor dem Futter locker stehen bleiben und zu Ihnen schauen kann, obwohl 500 Gramm des feinsten Leberkäses genau vor seiner Nase liegen.

Wie genau das funktioniert, haben Sie im letzten Kapitel gelernt.

Das eigentliche Anzeigeverhalten

Ihr Hund ist jetzt so weit, dass er, wenn Sie mit ihm auf Futter zusteuern, erst einmal kurz stehen bleibt, Sie anschaut und darauf wartet, dass Sie das Futter freigeben? Dann ist es an der Zeit, ein Anzeigeverhalten aufzubauen. Üben Sie ein Anzeigeverhalten und belohnen Sie Ihren Hund sehr

Warum brauchen Sie ein Anzeigeverhalten?

Damit Sie sehen können, dass der Hund etwas gefunden hat. Würde er nur stoppen, könnten Sie das Verhalten auch missverstehen und denken, dass Ihr Hund einfach „nur so" stoppt. In diesem Fall würden Sie das supertolle Verhalten nicht bestärken. Das heißt: Die Belohnung würde fehlen. Wenn das Verhalten aber nicht bestärkt wird, besteht die Gefahr, dass das genetisch veranlagte Verhalten wieder die Oberhand gewinnt und Ihr Hund frisst, was er findet.

Wenn Ihr Hund das Futter deutlich sichtbar wahrnimmt, geben Sie das Signal. (Foto: Michele Baldioli)

großzügig, wenn er Ihnen dieses Verhalten zeigt. Das hat er auch verdient, denn er muss dafür weit über seinen Schatten springen. Sie können beim Anzeigeverhalten auch weiter beim Blickkontakt bleiben und diesen immer weiter verlängern, sodass Ihr Hund Sie auch 15 oder 20 Sekunden anschauen kann, bevor er das Futter nimmt. So gehen Sie sicher, dass Sie beim Spaziergang seinen intensiven Blickkontakt auch richtig interpretieren: „Hey du, hier liegt Futter! Darf ich das haben, bitte?" Wenn Sie sich aber nicht sicher sind, ob Sie den Blickkontakt bei einem Spaziergang richtig interpretieren werden,

macht es Sinn, ein spezielles, für Sie leichter erkennbares Anzeigeverhalten aufzubauen. Lassen Sie Ihre Fantasie spielen.

Und so läuft es ab: Futter auslegen – Ihren Hund an die Leine nehmen – warten, bis er vor dem Futter anhält und es deutlich sichtbar wahrnimmt. – Jetzt kommt etwas Neues.

Wenn Ihr Hund das Futter anschaut, markern Sie nicht sofort. Geben Sie stattdessen das Signal für das Anzeigeverhalten, zum Beispiel „Sitz". Jetzt sehen Sie, warum es wichtig ist, dass es sich um ein Verhalten handelt, das Ihr Hund bereits sehr gut beherrscht. Wenn Ihr Hund das Anzeigeverhalten durchführt, markern Sie nun endlich, geben ihm seine Belohnung und danach die ersehnte Freigabe.

Kann Ihr Hund das gewünschte Anzeigeverhalten nicht durchführen, sollten Sie es außerhalb dieser Situation erst einmal festigen, bis er es locker durchführen kann. Oder Sie nehmen einfach etwas anderes, was Ihr Hund besser beherrscht. Und jetzt? Immer weiter üben!

Futter auslegen – Hund an die Leine nehmen – warten, bis Ihr Hund vor dem Futter anhält und es deutlich sichtbar wahrnimmt – Signal für das Alternativverhalten geben –

Wenn Sie das Verhalten markiert haben, belohnen Sie Ihren Hund und erteilen ihm danach die Freigabe. (Foto: Michele Baldioli)

die Durchführung markern und den Hund belohnen – Freigabe erteilen.

Wenn Sie das Gefühl haben, dass es gerade richtig gut läuft, versuchen Sie, das Signal für das Anzeigeverhalten wegzulassen. Dann sieht das so aus:

Futter auslegen – Hund an die Leine nehmen – wenn er stehen bleibt, an lockerer Leine abwarten. Geben Sie ihm ruhig etwas Zeit. Und hier sind wir wieder bei unseren beiden Möglichkeiten.

Möglichkeit A: Ihr Hund hält an, schaut zum Futter und wundert sich kurz, dass kein Signal von Ihnen kommt. Dann fällt ihm ein, was Sie die letzten zig Mal mit ihm geübt haben, und er zeigt freiwillig das geübte Anzeigeverhalten (Sitz/Blickkontakt/Pfote). Click! Party! Zeigen Sie Ihrem Hund, wie sehr Sie sich freuen. Das hat er toll gemacht! Belohnen Sie ihn absolut großzügig und geben Sie ihm dann unter großem Brimborium die Freigabe. Er hat etwas sehr Wichtiges gelernt: Liegt Futter am Boden, dann halte ich an und zeige, dass ich was gefunden habe.

Möglichkeit B: Er ist sich nicht ganz sicher, was er denn nun tun soll, und denkt sich irgendwann: „Ach, dann kann ich mir das Futter doch einfach holen, was soll's!" Kann er nicht, denn er ist immer noch angeleint. Sie halten in diesem Fall die Leine fest, sodass er nicht ans Futter herankann (Rucken ist unnötig, Halten reicht aus). Warten Sie, bis er die Leine wieder locker lässt. Dann geben Sie ihm noch mal das Signal für das Anzeigeverhalten, und wenn er es ausführt, wird er von Ihnen belohnt. Er bekommt aber keine Freigabe und damit auch nicht das Futter vom Boden.

Stattdessen erhöhen Sie ein wenig den Abstand, gehen wieder auf das Futter zu und, wenn er anhält, geben ihm nach dem Marker vorsichtshalber gleich wieder das Signal für das Anzeigeverhalten, sodass sich das unerwünschte Verhalten (zum Futter stürmen) gar nicht erst festigen kann. Üben Sie noch ein paarmal so, dass Sie das Signal für das Anzeigeverhalten geben, und wenn es gut läuft, probieren Sie es wieder ohne Signal.

Erst wenn Ihr Hund in 90 Prozent aller Versuche das Anzeigeverhalten von allein ohne Ihr Signal zeigt, üben Sie das Ganze wieder mit den üblichen Varianten. Das sollte Ihnen und Ihrem Hund jetzt schon in Fleisch und Blut übergegangen sein.

Das Anzeigeverhalten verlängern

Jetzt, wo Ihr Hund schon gelernt hat, ein bestimmtes Verhalten zu zeigen, wenn er etwas am Boden liegen sieht, gehen Sie dazu über, ihm beizubringen, dieses Anzeigeverhalten auch etwas länger als ein, zwei Sekunden lang zu zeigen.

Warum? Nun, es kann sein, dass Sie bei einem Spaziergang mal einen Moment nicht auf Ihren Hund achten. Und stellen Sie sich vor, dass er in dieser Zeit etwas Fressbares am Boden findet. Brav, wie er ist, setzt er sich vor das Fressbare und schaut Ihnen flehend nach. Sie beachten ihn aber nicht. Im dümmsten Fall wird er dann irgendwann innerlich mit den Schultern zucken und sich das Fressbare holen, ganz nach dem Motto: „Jetzt war ich brav, dafür habe ich mir eine

Belohnung verdient." Das passiert nicht, wenn Sie Ihrem Hund beibringen, auch mal etwas länger zu warten, wenn er etwas am Boden findet.

Sie beginnen wie immer: Futter auslegen – Hund an die Leine nehmen – Sie nähern sich dem Futter – Hund bleibt stehen und zeigt das erwünschte Anzeigeverhalten. – Stopp: Jetzt kommt was Neues. Sobald Ihr Hund das erwünschte Anzeigeverhalten zeigt, zählen Sie innerlich ganz ruhig: 21 – 22 – 23.

Möglichkeit A: Nachdem Sie bis 23 gezählt haben, zeigt er immer noch das Anzeigeverhalten. Dann markern Sie, belohnen ihn und geben ihm seine Freigabe.

Möglichkeit B: Er schafft es nicht bis 23. Beenden Sie freundlich die Übung – eine Belohnung oder gar eine Freigabe gibt es dann nicht – und versuchen es noch einmal. Diesmal zählen Sie aber nur bis 22. Schafft er es? Super! Belohnung! Freigabe! Und wenn er das Anzeigeverhalten zwei Sekunden lang zuverlässig zeigen kann, versuchen Sie es eine Sekunde länger.

Bauen Sie die Dauer des Anzeigeverhaltens immer weiter aus. Wie lange? Es kommt darauf an, wie oft Sie normalerweise beim Spazierengehen nach Ihrem Hund schauen. Je seltener Sie ihn im Blick haben, umso länger sollte er das Anzeigeverhalten zeigen können.

Und? Sind Sie stolz auf das, was Sie beide bisher geschafft haben? Das sollten Sie sein! Denn wenn Sie bisher geübt haben, dann kann Ihr Hund schon:

- sich auf das Signal „Nix da" hin mit einem Grinsen im Gesicht von Fressbarem am Boden ab- und sich Ihnen zuwenden und

Warten Sie etwas länger, bis Sie das Anzeigeverhalten markieren. (Foto: Michele Baldioli)

- freiwillig vor Fressbarem am Boden stoppen und ein Anzeigeverhalten (zum Beispiel Blickkontakt oder ein Sitz) zeigen.

Die Entfernung zum Hund erhöhen

Bisher haben Sie immer mit Ihrem Hund an der kurzen Leine geübt. Beim Spaziergang ist es aber so, dass Sie meist etwas entfernter vom Hund stehen, wenn er etwas Leckeres am Boden sieht. Also müssen Sie üben, dass er das Anzeigeverhalten auch dann zeigt, wenn Sie nicht direkt neben ihm stehen. Und das funktioniert so: Futter auslegen – Hund an die Leine nehmen (wählen Sie eine etwas längere Leine), – Stopp: Jetzt kommt etwas Neues.

Diesmal gehen Sie nicht frontal auf das Futter zu wie bisher, sondern Sie gehen in der Entfernung, in der Ihr Hund normalerweise vor dem Futter stehen bleiben würde, am Futter vorbei.

Wenn Ihr Hund stehen bleibt und sein Anzeigeverhalten zeigt, gehen Sie selbst noch ein, zwei Schritte weiter.

Möglichkeit A: Ihr Hund bleibt stehen und zeigt das Anzeigeverhalten, obwohl Sie weitergegangen sind. Dann markern Sie, belohnen ihn und geben ihm die Freigabe.

Möglichkeit B: Sollte er nicht stehen bleiben, sondern sich auf das Futter stürzen wollen, wissen Sie ja schon, was Sie zu tun haben. Sie beenden die Übung freundlich, versuchen es noch einmal, wobei Sie es ein wenig leichter machen, und bleiben wieder näher beim Hund, damit sich keine Fehler einschleichen können. Von da aus bauen Sie wieder mehr Entfernung auf.

Das ist ein sehr großer Schritt, denn so wie hier sieht es auch oft auf dem Spaziergang aus. Sparen Sie hier nicht mit Wiederholungen und den passenden Belohnungen, damit sich dieses erwünschte Verhalten zuverlässig festigen kann.

Generalisieren

Es ist klasse, dass das alles in Ihrem Wohnzimmer funktioniert, aber es soll auch beim Spaziergang klappen! Und deshalb müssen Sie auch hier generalisieren.

Das bedeutet, dass Sie das Anzeigeverhalten unter sich immer mehr variierenden

Umständen üben und Ihre Trainingssituation Schritt für Schritt immer weiter an die Situation während Ihres Spaziergangs anpassen. Aber das kennen Sie ja schon.

Üben Sie morgens, abends, üben Sie im Wohnzimmer, im Garten, beim Spaziergang, lassen Sie Futter beim Spazieren mal auf dem Hinweg liegen und üben dann auf dem Rückweg, lassen Sie Futter von anderen Personen auslegen, lassen Sie Futter mal offen daliegen, mal halb verdeckt, mal nehmen Sie trockenes Brot, mal zarten Schinken, mal gehen Sie etwas weiter von Ihrem Hund weg, mal sind Sie ganz nah an ihm dran.

Und wie läuft das beim Spaziergang?

Ich hoffe, Sie haben bisher schon fleißig das „Nix da" geübt und auch das Anzeigeverhalten sauber aufgebaut. Dann können Sie Ihren Hund beim Spaziergang in Ruhe beobachten. Und es kommt der Zeitpunkt, an dem er sich merkwürdig benimmt: Entweder starrt er auf eine bestimmte Stelle am Boden und schaut dann zu Ihnen oder er setzt sich plötzlich hin (falls Sie das als Anzeigeverhalten geübt haben) und schaut erwartungsvoll zu Ihnen. Jetzt haben Sie den Ernstfall.

Möglichkeit A: Wenn er schon so fortgeschritten ist, dass er das Anzeigeverhalten zeigt, ohne dass Sie etwas sagen müssen, ist das eine Riesenparty wert!

Möglichkeit B: Wenn Sie merken, dass Ihr Hund etwas zögerlich reagiert und sich nicht so sicher ist, was er tun soll, dann helfen Sie ihm. Geben Sie Ihrem Vierbeiner unterstützend Ihr „Nix-da"-Signal und loben und belohnen ihn überschwänglich, wenn er es befolgt.

In beiden Fällen wird der Hund als Allererstes von Ihnen belohnt. Wenn Sie geprüft haben, was da liegt, und es für Ihren Hund ungefährlich ist, darf er nach Ihrer Freigabe davon einen Happen haben. Sind Sie sich aber nicht sicher, ob es wirklich ungefährlich ist, loben und belohnen Sie Ihren Hund, während Sie weitergehen.

Das, was da am Boden liegt, bekommt er dann natürlich nicht. Sollte es sich um gefährliche Dinge wie Giftköder handeln, sollten Sie diese in eine Tüte packen und daheim in der Mülltonne entsorgen oder zur Polizei bringen.

Nach ein paar Metern, wenn Sie aus der Gefahrenzone heraus sind, machen Sie mit Ihrem Hund eine kleine „Nix-da"- oder Anzeigeübung mit ausgelegtem Futter. Dann darf er das, was am Boden liegt, wieder haben. So wiegt das Liegenlassen beim letzten Mal nicht mehr so schwer und Ihr Hund vergisst es leichter.

Jetzt haben Sie alles, was Sie brauchen, damit Ihr Hund Unaussprechliches am Boden liegen lässt: das Abbruchsignal „Nix da", das dazu führt, dass Ihr Hund Fressbares auf Ihr Signal hin liegen lässt und sich Ihnen zuwendet, und ein eingeübtes Anzeigeverhalten, das zum Beispiel Ihren Hund sofort sitzen lässt, wenn er etwas Gutes in der Nase hat. Sie können zu Recht stolz auf sich und Ihren Hund sein, denn Sie haben gemeinsam ein riesiges Trainingsziel erreicht. Feiern Sie Ihren Erfolg!

Foto: Michele Baldioli

NOTFALLSIGNALE

Das mit dem Training könnte so einfach sein. Vorausgesetzt, dass in der Übergangszeit vom Training zum Ernstfall auf Ihren Spaziergängen vor Ihnen eine Straßenkehrmaschine sämtliche Fressalien wegräumen würde, sodass Ihr Hund eine Zeit lang nicht unkontrolliert den schmackhaftesten Reizen ausgesetzt wäre. Aber das Leben ist nun mal, wie es ist, und so liegen auf Ihrem Spazierweg immer wieder die leckersten Versuchungen wie Fuchskot und angegammelte köstliche Schnittchen.

Was tun, solange das Training noch nicht richtig greift? Sie könnten natürlich nur noch auf Asphalt spazieren gehen und um jeden Krümel, den Sie hoffentlich früher als Ihr Hund sehen, einen weiten Bogen machen. Oder Sie schreien jedes Mal „Aus!", wenn Sie merken, dass Ihr Hund etwas im Maul hat. Das Problem ist, dass Sie das bisher vermutlich schon versucht haben und

Ihr Hund gelernt hat, dass er, wenn er Ihrem Kommando folgt, das superleckere, aus seiner Sicht unverständlicherweise entsorgte Schulbrot nicht behalten darf. Also ist die Wahrscheinlichkeit groß, dass er eher versucht, das Schulbrot noch schnell hinunterzuschlucken, als es Ihnen zu überlassen.

Oder Sie nehmen sich zwei, drei Tage Zeit, um zwei Notfallsignale aufzubauen, die Sie einsetzen können, wenn es gerade hart auf hart kommt und Ihr Hund das Unaussprechliche bereits im Maul hat.

Aber Vorsicht: Vorausschauendes Spazierengehen und rechtzeitiges Ablenken Ihres Vierbeiners sind in diesem Stadium immer noch am wirkungsvollsten, damit er eventuelle Giftköder gar nicht erst ins Maul nimmt. Die Notfallsignale sind wirklich nur für den Notfall gedacht! Sie sollten sie nicht inflationär einsetzen, doch dazu später noch mehr.

Das Schlaraffenland-Signal „Schlasi"

Das Schlaraffenland-Signal kündigt Ihrem Hund an, dass er jetzt gleich etwas absolut Geniales zum Fressen bekommt. Die Erwartungshaltung, die der Hund mit diesem Signal verbindet, führt dazu, dass er das, was er im Maul hat, sofort fallen lässt. Dann kann er sich das richtig Gute, das von Ihnen kommt, ganz genüsslich einverleiben.

Klar können Sie gegen Fuchskot-Salzlakritze mit Ihren Leckerlis nicht so ohne Weiteres konkurrieren, aber mit dem richtigen Training müssen Sie das auch nicht. Wenn Sie das „Schlasi" richtig aufbauen, lässt Ihr Hund automatisch los, was er im Maul hat, ohne weiter darüber nachzudenken, ob das, was er bekommt, besser oder schlechter ist.

Der Haken: Sie müssen, um dauerhaft erfolgreich zu sein, bei diesem Signal Ihr Versprechen, dass der Hund bei Ihnen etwas Besseres bekommt, als er gerade gefunden hat, regelmäßig einlösen. Sonst geht die Erwartungshaltung bei Ihrem Hund verloren und er entscheidet sich auf Dauer doch für das bessere Futter am Boden („Der Spatz in der Hand"). Ihr Hund hat aber sicherlich sehr schnell raus, dass Sie nicht immer vor einem Spaziergang den Kühlschrank nach besonderen Spezialitäten durchsuchen können.

Außerdem möchten wir ja, dass Ihr Hund das Fressbare am Boden gar nicht erst ins Maul nimmt. Wenn Sie jetzt immer mal wieder „belohnen", wenn Ihr Hund schon etwas im Maul hat, kann sich schnell eine Verhaltenskette bilden. Ihr Hund nimmt etwas ins Maul und präsentiert es Ihnen ganz stolz. Sie sollen das Signal "Schlasi" geben, damit er es wieder fallen lassen darf und er belohnt wird. Aus diesen Gründen ist das „Schlasi" nur für den absoluten Notfall gedacht, bis Ihr „richtiges" Training greift. Was Sie brauchen:

- Ein verbales Signal, das Ihnen im Notfall leicht über die Lippen geht. Wenn Sie bisher vergeblich versucht haben, Ihren Hund mit „Aus" von der unerwünschten Nahrungsaufnahme abzuhalten, suchen Sie sich bitte unbedingt ein neues Signal. Beispiele: „Drop", „Lass es" oder „Liegen lassen".
- Die supertollen Lieblingsleckerlis, mindestens drei verschiedene Sorten. Was steht ganz oben auf der Liste Ihres Hundes? Käsepfannkuchen? Harzer Käse? Leberguttis? Stinkefisch? Denken Sie daran, dass Sie Ihren Hund dazu bringen möchten, Ihnen alles zu geben, was er im Maul hat. Da dürfen Sie ruhig großzügig sein und positiv überraschen.
- Einfache Tauschgegenstände, die Ihr Hund nicht gleich hinunterschlucken kann, wie Spielzeug, harte, große Knochen, sehr große Stücke altes Brot oder Ähnliches.

STUFE 1: MUND WÄSSRIG MACHEN

Nehmen Sie sich eine gute Handvoll Ihrer Spezial-Guttis. Damit gehen Sie zu Ihrem Hund. Sagen Sie laut und deutlich Ihr „Schlasi" und lassen Sie vor seiner Nase die ganze Handvoll Guttis fallen. Er darf sich ruhig hemmungslos draufstürzen und den plötzlichen Segen genießen. Loben Sie ihn für das Aufsammeln und gehen Sie wieder Ihrer Wege.

Wiederholen Sie das über den Tag verteilt etwa fünf- bis zehnmal: während Ihr Hund im Garten schnuppert, während Sie spazieren gehen, während Sie mit Ihrem Hund durch die Haustür gehen und zum Spaziergang aufbrechen ...

STUFE 2: HARMLOS ANFANGEN

Suchen Sie sich nun einen Tauschgegenstand, den Ihr Hund zwar gern ins Maul nimmt, den er aber auch gern wieder ausspuckt, wenn es etwas Besseres gibt. Infrage kommt zum Beispiel ein Spielzeug als Tauschgegenstand. Spielen Sie mit dem Spielzeug mit Ihrem Hund, bis er es fest ins Maul nimmt. Lassen Sie das Spielzeug los und geben Sie freudig Ihr „Schlasi".

Wenn Sie bisher Ihren Hund mit richtig guten Sachen belohnt haben, nachdem Sie das „Schlasi" gegeben haben, wird er sein Spielzeug jetzt in Erwartung allerbester Leckereien fallen lassen. Und die bekommt er natürlich. Zusätzlich bekommt er auch sein eingetauschtes Spielzeug wieder. Sollte er das Spielzeug nicht fallen lassen, üben Sie zunächst noch einige Male wie unter Stufe 1 beschrieben.

Üben Sie zunächst mit einem einfachen Kauknochen und supertollen Leckerlis.
(Foto: Michele Baldioli)

STUFE 3: EIN WENIG STEIGERN

Als Nächstes üben Sie das „Schlasi" mit ein paar harmlosen Kauknochen, zum Beispiel einem Rinderhautknochen. Gehen Sie wieder so vor wie oben beschrieben.

STUFE 4: GENERALISIEREN

Wenn das „Schlasi" bei Ihnen daheim sehr gut funktioniert, geben Sie das Signal ab und zu beim Spazierengehen – entweder, wenn Ihr Hund gerade nichts im Maul hat, oder gelegentlich, wenn er gerade ein Stöckchen herumträgt.

Üben Sie anfangs etwa zwei- bis dreimal am Tag jeweils eine Übungssequenz mit einem Signal. Wenn Ihr Hund jedes Mal harmlose Kleinigkeiten auf Ihr „Schlasi" hin fallen lässt, reicht es, wenn Sie nur noch zwei- bis dreimal in der Woche üben – immer zu einer anderen Zeit, immer an einem anderen Ort als das letzte Mal.

STUFE 5: IM NOTFALL

Und dann ist es so weit: Ihr Hund findet draußen ein Stück leckere angegammelte Pizza. Jetzt sind Sie dran! Sie geben laut und freudig Ihr „Schlasi". Da Ihr Hund in den letzten Tagen gelernt hat, dass dieses „Schlasi" einen tollen Futterregen bedeutet, wird er aus lauter Routine das Stück Pizza fallen lassen. Natürlich bekommt er zur Belohnung gleich eine riesengroße Menge supertoller Guttis. Die Guttis werfen Sie auf den Boden und verteilen sie zunächst um die Pizza herum, dann Stückchen für Stückchen immer weiter von der Pizza weg, sodass Sie Ihren Hund ganz unauffällig immer weiter von der leckeren Pizza wegbringen.

Die Pizza hat er beim Fressen der Leckerlis sicher nicht vergessen, also bedienen Sie sich eines kleinen Tricks, damit er nach der Fressorgie nicht einfach wieder umdreht. Sie leinen ihn an und machen mit ihm eine Riesenparty. Sie können Bällchen werfen, mit ihm ein Rennspiel machen, Futterbeutel verstecken, im Laubhaufen wühlen, sprich:

Sie lenken ihn ab. Und während Sie ihn ablenken, können Sie die Pizza entweder

Hat man es gut trainiert, sitzt das „Schlasi" auch bei einem leckeren Brötchen.
(Foto: Michele Baldioli)

unauffällig irgendwo verschwinden lassen, in einer Tüte zum Entsorgen mitnehmen oder sich immer weiter von ihr entfernen, sodass sich Ihr Hund nicht mehr dafür interessiert.

Achtung! Ich an Ihrer Stelle würde nicht nach der Pizza greifen und sie wegnehmen, während Ihr Hund zuschaut. Das Spielchen kennt er ja schon, und das ist einer der Gründe, warum er im Moment dieses Fressproblem hat. Also lieber ein wenig im Tarnmodus arbeiten und die Pizza unauffällig verschwinden lassen.

Das Signal „Maul öffnen"

Stellen Sie sich vor, der Härtefall tritt ein. Ihr bisheriges Training – „Nur gucken, nicht schlucken" – steckt noch in den Kinderschuhen und Ihr Hund findet vor der Haustür einen seltsamen Hackfleischklumpen, den er auch prompt ins Maul nimmt. Das „Schlasi" funktioniert nicht, weil das Hackfleisch so weich ist, dass Ihr Hund es nicht gut wieder ausspucken kann. Runterschlucken soll er es aber auf keinen Fall!

Für solche Gruselszenarien sollten Sie immer einen Notfallplan in petto haben. Und der heißt in diesem Fall: Üben Sie, Ihrem Hund ins Maul zu greifen und etwas herauszunehmen. Warum Sie das vorher üben und nicht einfach machen sollen?

Stellen Sie sich vor, wie es wäre, wenn Sie sich panisch auf Ihren Hund stürzen, sein Maul packen, Ober- und Unterkiefer aufstemmen, hineinlangen und etwas herausnehmen? Wie oft wird Ihr Hund das wohl mitmachen?

Ich schätze, öfter als ein-, zweimal werden Sie ihn nicht dazu bringen. Wenn Sie ein drittes Mal mit einem Schrei wie „Aaaaaah, spuck das sofort aus!" auf Ihren Hund zustürmen, wird er Ihnen eher ausweichen, als sich das Maul aufstemmen lassen. Wetten?

Achtung! Sie trainieren für den Notfall, nicht erst im Notfall!

Auch hier ist Training angesagt! Das Ziel des Trainings ist nicht, dass Ihr Hund das Aufstemmen seines Mauls irgendwie über sich ergehen lässt.

Wir möchten, dass Ihr Hund, sobald er das Signal zum Maulöffnen hört, begeistert angerannt kommt und Ihnen sein Maul schon mal in die Hand stupst, damit Sie es auch auf jeden Fall öffnen können. So gehen Sie sicher, dass Ihr Hund sich auch im Notfall kooperativ zeigt. Das halten Sie für unmöglich? Ist es nicht. Es ist einfach nur eine Frage des richtigen Trainings.

Mit dem Öffnen des Hundemauls betreten Sie sehr sensibles Terrain. Welcher Hund lässt sich ohne Training schon gern von uns ins Maul fassen? Sie können dieses Training Ihrem Vierbeiner und damit auch sich selbst sehr erleichtern, indem Sie ihn vorwarnen, bevor Sie ins Maul greifen, und das Training so kleinschrittig aufbauen, dass er immer mit Vollgas und Spaß bei der Sache ist.

Richtig gute Leckerlis als Belohnung schaden der Sache nicht. „Vorwarnen" bedeutet, dass Sie ihm immer ein Signal geben, bevor Sie ans Maul fassen. Das Signal hat zwei Vorteile.

Zum einen kann er sich auf das einstellen, was Sie gleich mit ihm veranstalten, und hilft im besten Fall aktiv mit, indem er schon mal sein Maul in Ihre Hand drückt. Das passiert tatsächlich bei gutem und intensivem Training. Zum anderen ist Ihr Hund sofort besser drauf, weil er weiß, dass er gleich die Chance auf eine Belohnung hat.

Als Signal können Sie zum Beispiel die Worte „Maul öffnen" oder „Mach auf" oder etwas Ähnliches wählen. „Kleinschrittig" bedeutet, dass Sie in jedem Moment Ihres Trainings immer nur so weit gehen, wie Ihr Hund auch mitarbeiten kann.

Zeigt Ihr Hund Meideverhalten, zum Beispiel, indem er Ihnen ausweicht, machen Sie die Übung sofort wieder etwas leichter, damit Ihr Hund mit einem breiten Grinsen im Gesicht mitarbeitet. So erreichen Sie ein sehr hohes Maß an Kooperationswilligkeit, die Sie spätestens dann brauchen, wenn Ihr Hund draußen ohne Leine unterwegs ist. Denn dann kann er selbst entscheiden, ob er sich von Ihnen sein Maul öffnen lässt oder Ihnen lieber ausweicht.

Das Training für Ihren Hund läuft nach folgendem Schema ab:
- Schritt 1: Vorwarnung geben.
- Schritt 2: Den Hund so berühren, dass er noch nicht ausweicht und Ihre Berührung gut und angenehm findet.

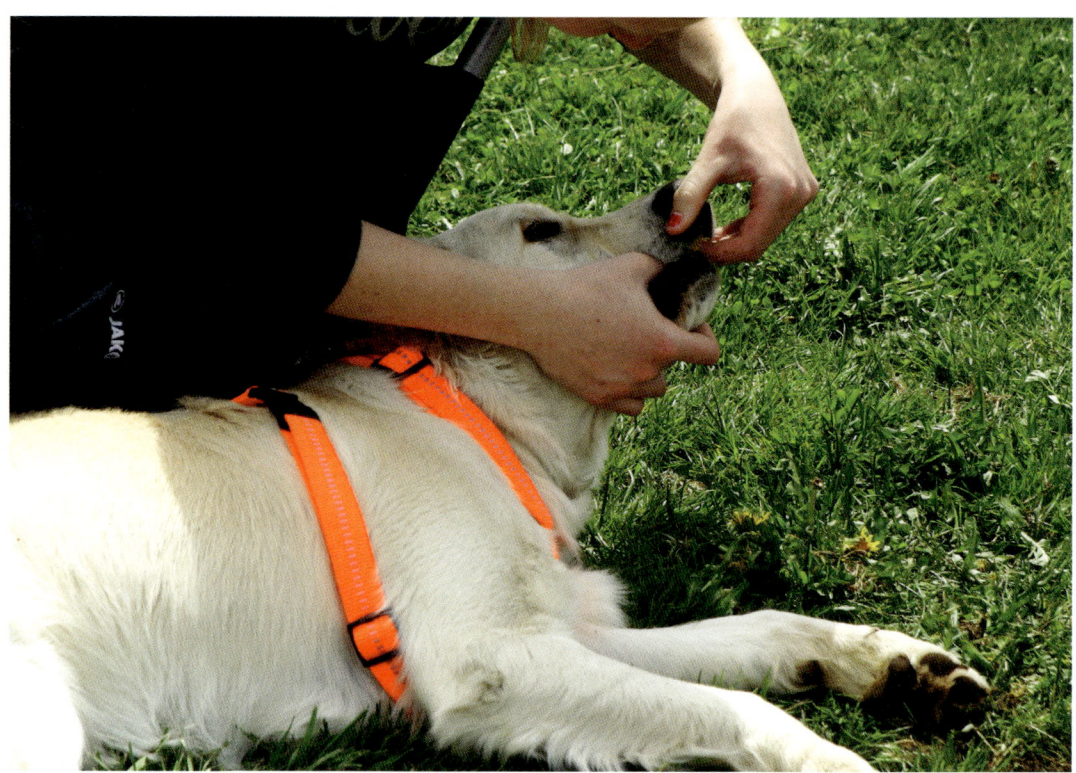

Welcher Hund lässt sich schon gern ins Maul fassen? Warnen Sie ihn vor.
(Foto: Michele Baldioli)

- Schritt 3: Das „Aushalten" der Berührung mit dem Markersignal markieren.
- Schritt 4: Belohnen mit Futter und Beenden der Manipulation.
- Schritt 5: Verhalten festigen und steigern.

SCHRITT 1: VORWARNEN

Bevor Sie an die Schnauze Ihres Hundes fassen, geben Sie ihm das von Ihnen ausgesuchte Signal, beispielsweise „Maul öffnen". Im Unterricht sehe ich immer wieder, dass sich die Hundehalter gern schon mal in Startposition bringen, bevor sie das Signal geben.

Das heißt, sie beugen sich über den Hund, grinsen ihm ins Gesicht und halten ihre Hände in Richtung Schnauze. Sollten Sie sich zum gleichen Verhalten hinreißen lassen, ist die Vorwarnung witzlos, weil sie keine mehr ist. Sie lesen dieses Buch und machen es bitte besser, das heißt: Während Sie das Signal „Maul öffnen" geben, bleiben Sie im Training ganz ruhig in aufrechter Position stehen und halten Ihre Hände bei sich. „Bei sich" heißt, dass sie sich keinen Zentimeter in Richtung Hund bewegen, sondern da sind, wo Sie sie sonst auch immer halten, wenn Sie entspannt stehen. Ob Sie Ihre Hände in die

Beide Hunde zeigen deutliches Meideverhalten. In solchen Fällen sollten Sie einen Schritt zurückgehen im Training. (Foto: Michele Baldioli)

Hosentasche stecken oder locker an Ihren Hüften hängen lassen, überlasse ich dabei ganz Ihnen. Hauptsache, Ihr Hund bleibt erst einmal unbehelligt.

SCHRITT 2: DIE BERÜHRUNG

Haben Sie Ihr Signal schon gegeben und dabei Ihre Hände bei sich behalten? Prima! Dann dürfen Sie jetzt Ihren Hund berühren. Beginnen Sie mit der kleinstmöglichen Berührung, die Sie durchführen können, ohne dass Ihr Hund zurückweicht. Das könnte sein, Ihre Hände in Richtung Schnauze zu bewegen.

Vielleicht können Sie auch schon ein wenig ohne Druck über die Schnauze fassen. Falls Ihr Hund zurückweicht, war die Berührung zu viel. Wenn Ihr Hund Ihnen immer noch seinen Kopf entgegenstreckt, war es gerade richtig.

SCHRITT 3: DAS „AUSHALTEN" MARKIEREN

Sobald Ihre Finger die Hundeschnauze berühren, geben Sie Ihr Markersignal, denn das ist das erwünschte Verhalten: Finger auf der Schnauze dulden.

SCHRITT 4: BELOHNEN

Nachdem Sie das erwünschte Verhalten markiert haben, geben Sie Ihrem Hund ein Gutti, noch während Ihre Finger auf der Schnauze liegen. So verbindet er das angenehme Gefühl des Fressens mit Ihrem Finger auf seiner Schnauze. Wenn er fertig gefressen hat, nehmen Sie Ihre Finger wieder weg. Für Ihren Hund bedeutet das eine doppelte Belohnung: Zum einen bekommt er ein Gutti, zum anderen verschwinden die lästigen Finger auch gleich wieder.

SCHRITT 5: VERHALTEN FESTIGEN UND STEIGERN

Wiederholen Sie Schritt 4 so lange, bis Sie merken, dass Ihr Hund Ihnen nach dem „Maul-öffnen"-Signal seine Schnauze regelrecht entgegenstreckt, um Sie zum Anfassen aufzufordern.

Sobald das der Fall ist, steigern Sie Ihre Anforderungen. Sie können das Maul etwas fester umfassen, mit Ihren Fingern zwischen die Zahnreihen Ihres Hundes gleiten, die zweite Hand dazunehmen und den Unterkiefer umfassen, schließlich das Maul sanft öffnen und mit Ihren Fingern über die Zunge Ihres Hundes streichen.

Jeden einzelnen Schritt üben Sie so lange, bis Sie merken, dass Ihr Hund aktiv mitarbeitet und Spaß bei der Sache hat. Üben Sie immer im Wohlfühlbereich und steigern Sie nur langsam, denn im Notfall ist es eklatant wichtig, dass Sie problemlos an das Maul Ihres Hundes fassen und einen Giftköder herausnehmen können.

Mit diesen Notfallsignalen können Sie richtig und ruhig reagieren, falls Ihr Hund mal etwas aufnimmt, was er nicht aufnehmen soll. Aber bitte beachten Sie: Es sind Notfallsignale, die Ihnen helfen zu reagieren, solange Ihr Hund sich noch nicht von Fressbarem abrufen lässt oder noch nicht gelernt hat, das Fressbare anzuzeigen. Ziel des „Staubsauger"-Trainings ist es nicht, dass Ihr

Steigern Sie kleinschrittig das Training, bis Sie das Maul Ihres Hundes ganz öffnen können.
(Foto: Michele Baldioli)

Hund etwas ins Maul nimmt, was er sich dann von Ihnen wieder wegnehmen lässt.

Wie Sie ja schon gelernt haben, funktioniert das lediglich so lange, bis Ihr Hund gelernt hat, das Gefundene schneller zu schlucken, was wir natürlich nicht wollen.

Ihr Ziel sollte es daher vielmehr sein, dass Ihr Hund das Fressbare gar nicht ins Maul nimmt und Sie die Notfallsignale nicht mehr nutzen müssen.

Jetzt haben Sie die wichtigsten Signale kennengelernt, die Sie brauchen, damit Sie wieder ruhig mit Ihrem Vierbeiner spazieren gehen können. Damit Sie die Signale in den gemeinsamen Alltag integrieren können, müssen Sie Ihre Übungseinheiten klug planen und geschickt generalisieren.

Dabei hilft Ihnen ein Trainingsplan ungemein, in dem Sie alle erreichten Schritte sorgfältig notieren und auch die geplanten Schritte festhalten.

Das ist notwendig, damit Ihr Hund „Training" und „Alltag" irgendwann nicht mehr unterscheiden kann. Erst wenn Ihr Hund auch im Freizeitmodus sein erlerntes Verhalten zuverlässig zeigt, haben Sie Ihr Ziel erreicht. Bis dahin: Haben Sie Spaß beim Training mit Ihrem Hund!

FÜR HÄRTEFÄLLE

Wir müssen unterscheiden. Es gibt die Hunde, die draußen fröhlich hüpfend spazieren gehen, dann auf einen Pferdeapfel treffen, sich freuen, dass sie so etwas Leckeres gefunden haben, „Happs!" machen und dann weiter lustig spazieren gehen.

Und es gibt die Hunde, die schon an der Haustür hektisch um die nächste Ecke schauen, die Nase immer in der Luft oder am Boden, um ja nichts Fressbares zu übersehen. Sie sind ständig auf der Suche nach dem Fresskick und nur wenig ansprechbar, sprich: Der Halter ist quasi Luft für den Hund. Diese Hunde sind kaum dazu zu überreden, ihre Augen für ein paar Sekunden vom Boden zu lösen und ihre restliche Umwelt wahrzunehmen.

Auch bei diesen Hunden ist das „Draußen-Staubsauger"-Training hilfreich. Aber bevor es ans Training geht, müssen sie erst einmal wieder lernen, wie man das Hirn einschaltet und ansprechbarer wird. Sprich: Sie müssen runterfahren und lernen, sich draußen wieder ein wenig zu entspannen. Erst wenn der Hund entspannter und nicht mehr hektisch auf der Suche nach dem nächsten Fresskick ist, kann das „Staubsauger"-Training in allen Facetten greifen.

Hilfe durch Entspannungstraining

Entspannung bedeutet, dass die Herzfrequenz sich verlangsamt, der Blutdruck sinkt, der Sauerstoffverbrauch reduziert wird und die Muskelanspannung nachlässt. Für uns sichtbar ist Entspannung beim Hund durch eine lockere, weiche Körpersprache und vor allem dadurch, dass er jetzt ansprechbar ist.

Um so einen Hektiker etwas runterzubringen, sollten Sie sich als Erstes überlegen, ob Sie Ihre Spaziergänge vielleicht weniger aufregend gestalten können.

Hunde, die bereits unter Anspannung aus dem Haus gehen, weil sie wissen, dass jede Sekunde der Lieblingsfeind um die Ecke kommt und ihn niederwalzt, haben keinen entspannten Spaziergang. Wenig entspannt sind auch Spaziergänge, bei denen der Hund sich keine 20 Zentimeter vom Halterbein entfernen, nur auf Signal schnuppern oder das Bein heben darf und immer einen auf den Deckel bekommt, sollte sich seine Nase oder Rute mal in eine „unerlaubte" Stellung begeben. Auch eine Dauerbespaßung des Hundes kann sein Erregungsniveau so hochpuschen, dass er sogar nach dem Spaziergang noch auf 180 ist. Sie können das ganz gut daran erkennen, dass Ihr Hund nach dem Spaziergang nicht selig in seinem Körbchen einschläft, sondern sich erst einmal eine halbe Stunde im Garten auspowern muss, bevor er zur Ruhe kommt. In solchen Fällen sollten Sie ein wenig Dampf rausnehmen. Gehen Sie dort spazieren, wo nicht viel los ist.

Lassen Sie Ihren Hund mal Hund sein, geben ihm, falls es ihm guttut, mehr Leine als üblich (dann bitte Brustgeschirr und kein Halsband verwenden) und gehen einfach mal dahin, wo Ihr Hund hinmöchte. Zwischendurch setzen Sie sich auf eine Bank und strei-

Lassen Sie Ihren Hund mal entspannt ins Land schauen und streicheln ihn dabei.
(Foto: Michele Baldioli)

cheln oder massieren ihn, wenn er das möchte und es ihm guttut, sodass er richtig schön entspannen kann.

Wenn Sie bisher einen Rundweg für Ihre Gassistrecke gewählt haben, versuchen Sie es mal mit Hin- und Rückweg. Sie gehen also die gleiche Strecke zurück, die Sie hingegangen sind. Viele Hunde können auf dem Rückweg besser entspannen als auf dem Hinweg.

Probieren Sie aus und notieren Sie sich, ob Sie eine Auswirkung auf sein Verhalten draußen vor der Tür bemerken. Wenn ja, können Sie das sicher weiter optimieren. Wenn nein, bringen vielleicht andere Veränderungen im Gassialltag Erleichterung.

Das Schöne an der Entspannung ist: Sie können sie nicht nur über weniger aufregende Gassigänge hervorrufen, sondern Sie können sie sogar gezielt üben, und zwar über den Aufbau eines sogenannten „Entspannungssignals", auch „Ey-chill-mal"-Signal genannt. Von diesem Signal habe ich das erste Mal vor vielen, vielen Jahren auf einem Seminar mit Rolf Franck gehört, der von der „Stress-Anker-Massage" sprach. Ein paar Jahre später habe ich von Ute Blaschke-Berthold sehr viel über die sogenannte „konditionierte Entspannung" gelernt, die die Basis für das „Ey-chill-mal"-Signal bildet.

Grundlage dieses Signals ist die Verknüpfung eines entspannten Zustands beim Hund mit einem Hör- und/oder taktilen Signal. Möglich wäre auch eine Verknüpfung mit einem bestimmten Duft oder eine Kombination aus mehreren Varianten. Was Sie davon verwenden, hängt individuell davon ab, wie Ihr eigener Hund am besten entspannen kann.

Je entspannter der Gassigang, umso leichter das Training. (Foto: Michele Baldioli)

Lässt er sich gern von Ihnen kraulen, gähnt dabei wohlig und kann nach zwei Minuten die Augen nicht mehr offen halten, ist er der perfekte Kandidat für Entspannungstraining über eine Berührung.

Wenn Sie eine einsäuselnde Stimme besitzen, bei deren sanftem Klang Ihrem Hund sofort die Augen zufallen, dann nutzen Sie sie bitte.

Wenn Ihr Hund bei Ihrer Berührung eher aufgeregt reagiert und trotz Ihrer sanften Stimme der Meinung ist, dass Spiel-Spaß-Action angesagt ist, sobald Sie mit ihm reden, dann verwenden Sie am besten einen Entspannungsduft. duft. Der hilft in diesem Fall mehr.

Der Aufbau ist immer derselbe. Das gewählte Signal wird beim Hund mit einem entspannten Zustand verbunden.

AUFBAU ÜBER STIMME UND BERÜHRUNG

Wenn Ihr Hund das mag und es funktioniert, können Sie diesen entspannten Zustand durch Streicheln oder Ihre Stimme herbeiführen. Sie setzen sich zu Ihrem Hund und fangen an, ihn sanft und langsam zu streicheln. Wenn Sie merken, dass er sich entspannt, sagen Sie ruhig ein Entspannungswort dazu,

das Ihnen leicht über die Lippen geht, wie „Ruhe" oder „Easy". Das Wort sagen Sie immer dazu, wenn Ihr Hund von einem Zustand in einen entspannteren Zustand wechselt, also zum Beispiel dann, wenn er sich freiwillig neben Sie setzt, wenn er sich danach hinlegt, wenn er sich wohlig ausstreckt, wenn er müde gähnt, wenn er langsam die Augen schließt. Wenn Ihr Hund einschlafen sollte, lassen Sie ihn ruhig.

Wiederholen Sie diese Prozedur eine Woche lang, so oft Sie können, damit das Hundegehirn das Streicheln und Ihr Signal mit der Entspannung verbinden kann.

Wenn Ihr Hund völlig ruhig ist, geben Sie Ihr verbales Entspannungssignal.
(Foto: Michele Baldioli)

AUFBAU ÜBER EINEN DUFT

Wenn Ihr Hund zu der Sorte „Rühr mich nicht an" gehört oder sehr aufgeregt wird, wenn Sie ihn streicheln oder mit ihm reden, bietet es sich eher an, das Entspannungssignal über einen Duft aufzubauen.

Grundsatz des Entspannungsduftes ist genau wie beim Aufbau durch Streicheln und Reden, dass der entspannte Zustand beim Hund immer mit demselben Duft verknüpft wird. Das sorgt dann bei späterer Anwendung dafür, dass der Geruch beim Hund einen entspannteren Zustand auslöst.

Dafür besorgen Sie sich ein kleines Baumwolltuch (Küchentuch, Taschentuch) für Ihren Vierbeiner. Zusätzlich benötigen Sie noch einen entspannenden Duft, der sowohl für Sie als auch für Ihren Hund angenehm ist – empfehlenswert sind zum Beispiel Lavendel, Kamille, Mandarine, Vanille oder Rose. Bitte achten Sie darauf, dass Sie reine ätherische Öle nehmen und keine synthetischen Duftstoffe. Ich habe festgestellt, dass Hunde auf die synthetischen Duftstoffe oft sehr angewidert reagieren können.

Immer wenn Ihr Hund sich zur Ruhe bettet, beträufeln Sie das Baumwolltuch

Beträufeln Sie das Entspannungstuch mit einem für Ihren Hund angenehmen Duft, den Sie auch mögen.
(Foto: Michele Baldioli)

mit einem Minitröpfchen des Öls und legen es zunächst in einem Abstand von circa einem Meter zu Ihrem Hund. Achten Sie darauf, ob er den Geruch als angenehm empfindet oder eher nicht. Falls nicht, verringern Sie die Intensität (Sie können das Öl mit Sonnenblumen- oder Mandelöl verdünnen), erhöhen die Entfernung des Tüchleins zum Hund oder nehmen testweise ein anderes Öl. Sollte Ihr Vierbeiner nach einer Ruhepause aufwachen und sich regen, nehmen Sie das Tuch wieder weg, stecken es in eine Plastiktüte und lüften kurz.

Wichtig: Der Duft sollte für Sie, wenn Sie direkt am Tuch riechen, gerade wahrnehmbar sein, das reicht für die empfindliche Nase Ihres Hundes völlig aus.

Legen Sie das Tuch so oft wie möglich dazu, wenn Fiffi zur Ruhe kommt, damit die Verknüpfung Duft – Entspannung so schnell wie möglich aufgebaut wird. Wiederholen Sie die Prozedur mindestens eine Woche lang zwei- bis dreimal am Tag.

Und dann probieren Sie es einfach mal aus. Gehen Sie mit Ihrem Hund spazieren. Sie kommen aus der Haustür heraus und schauen mal, wie aufgeregt er ist. Ist er ansprechbar? Reagiert er auf seinen Namen? Oder fängt er gleich vor der Haustür an, am Boden nach Fressbarem zu suchen?

Falls ja, ist es jetzt Zeit, ihn ein wenig zu entspannen. Bleiben Sie erst mal dort, wo Sie sind. Können Sie sich vielleicht vor Ihrer Haustür auf eine Decke setzen? Oder die gleichen fünf bis zehn Meter immer langsam zusammen mit Ihrem Hund hin und her gehen? Legen Sie ihm das bereitgelegte Tuch mit dem Entspannungsduft um und schauen Sie, was passiert. Oder, wenn Sie ihm das Signal über Reden und Berührung beigebracht haben, beruhigen und streicheln Sie ihn, wenn er das mag.

Kommt er ein wenig runter? Merken Sie, wie sich seine Augen verändern, sein Blick weicher wird? Wie seine Rute etwas entspannter hängt? Wie seine Muskeln weicher werden? Die Atemfrequenz sinkt? Und vor allem: Merken Sie, dass er er wieder viel ansprechbarer wird?

Falls nein, sollten Sie das Entspannungssignal im Haus in ruhigen Momenten noch einmal gut mit Entspannung verbinden. Falls ja, ist dieser Moment der Ansprechbarkeit perfekt, um ein paar kleinere Übungen einzuflechten. Wie wäre es mit einer kurzen Blickkontaktübung? Oder einem „Sitz"? Einfach ein paar kleine Dinge, die Ihren Hund daran erinnern, dass Sie auch noch an der Leine hängen und dass es noch etwas anderes im Leben gibt als den Müll auf der Straße. Belohnen Sie ihn ruhig, reden Sie in Ruhe mit ihm oder streicheln Sie ihn.

Sobald Sie merken, dass Ihr Hund sich ganz entspannt, gehen Sie weiter Ihres Weges. Sollte er wieder in sein altes Schema zurückfallen, wiederholen Sie die Entspannungsprozedur. So verliert Ihr Hund nach und nach das Gefühl, hektisch und gezwungen nach Fressbarem suchen zu müssen.

Entspannungstraining ist keine Wunderwaffe, aber es hilft Ihnen und Ihrem Hund, hektische und stressige Spaziergänge besser zu meistern. Es lohnt sich in jedem Fall, die nötige Zeit dafür aufzuwenden.

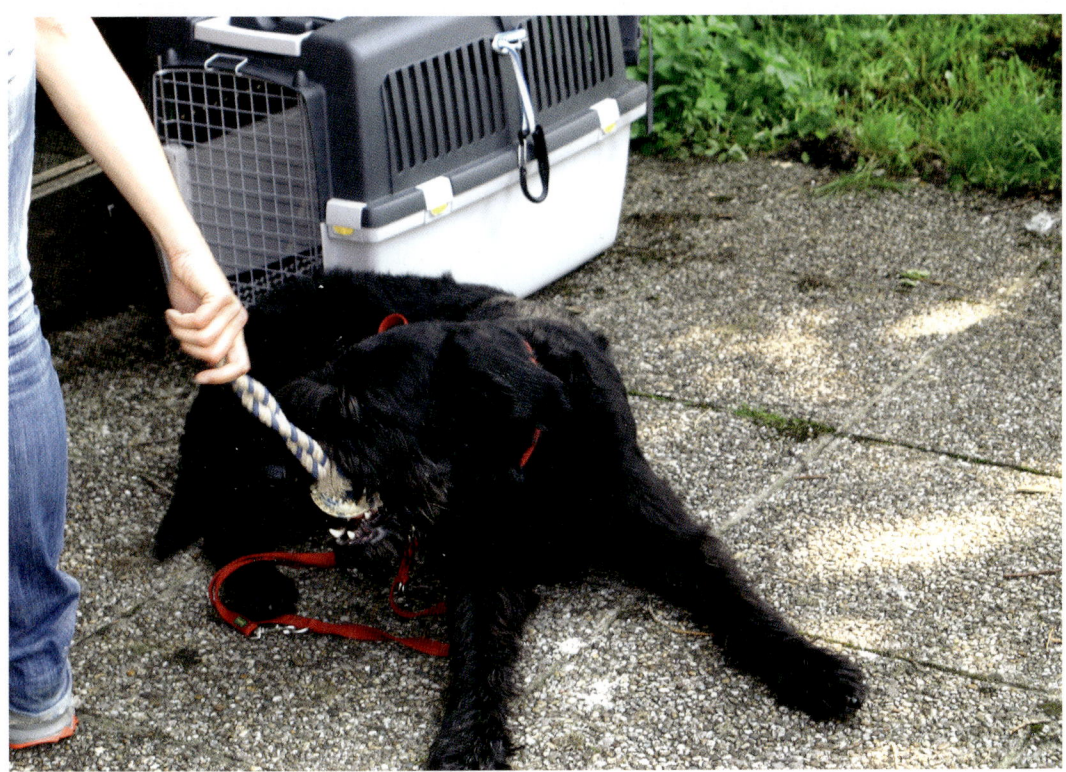

Vorsicht bei Pica! Hunde mit dieser Störung fressen wirklich alles.
(Foto: Michele Baldioli)

Ein besonderer Fall: Pica

Bei Hunden, die draußen zwanghaft alles in sich hineinschlingen, was nicht niet- und nagelfest ist, sollten Sie immer Pica im Hinterkopf behalten. Es handelt sich dabei um eine Art Zwangsstörung – die genaue Zuordnung wird in Fachkreisen kontrovers diskutiert –, bei der der Hund „pickend", also „plötzlich aufnehmend", durch die Gegend rennt und alles zwanghaft, hektisch und unkontrolliert aufnimmt, was er finden kann.

In Abgrenzung zu „normalen" Staubsaugern fressen Pica-Hunde nicht nur das Leberwurstbrot im Gebüsch, sondern wirklich alles, was sie finden: Steine, Taschentücher, Nägel, Styropor … Sie sind nur extrem schwer an der Aufnahme zu hindern und auch nicht in der Lage, das Gefundene gegen etwas Fressbares zu tauschen.

Sollten Sie den Verdacht haben, dass Ihr Hund an Pica leiden könnte, bitten Sie unbedingt einen erfahrenen Trainer um Hilfe. Der wird dann in Zusammenarbeit mit einem Tierarzt die entsprechende Diagnose abklären und Hilfestellung leisten.

ANHANG

Belohnungsliste

Welche Belohnung findet Ihr Hund besonders toll? Hier dürfen Sie alles eintragen, was Ihrem Hund Spaß macht und was er ganz besonders lecker findet.

Normalerweise sollte man im Hundetraining Belohnungen aus allen möglichen Bereichen des Zusammenlebens mit dem Hund verwenden – zum Beispiel Spiel, Begrüßen von Artgenossen, gemeinsames Rennen mit dem Menschen –, um die Belohnungen möglichst abwechslungsreich zu gestalten und damit die Motivationslage weit oben zu halten. Da wir hier aber ein Training zur unerwünschten Nahrungsaufnahme durchführen, stehen in diesem Zusammenhang Futterbelohnungen an erster Stelle, weil wir die Motivationslage Ihres Hundes (Fressen) passend nutzen möchten.

Sie dürfen gern sehr kreativ werden. Futter besteht nicht nur aus Trockenfutter oder Wiener Würstchen. Futter ist alles, was Ihr Hund gern frisst, und zu Futterbelohnungen gehören auch viele verschiedene Arten der möglichen Futterpräsentation.

In welcher Situation findet Ihr Hund die vermerkte Belohnung besonders toll? Es gibt nicht die Belohnung, die rund um die Uhr und immer zieht. Ich mag zum Beispiel sehr gern Nougatschokolade. Wenn ich die aber täglich rund um die Uhr in größeren Mengen verspeisen müsste, würde mir sehr schnell übel davon werden. Nach dem Abendessen genehmige ich mir aber gern ein Stückchen. So ähnlich geht es Ihrem Hund auch.

Notieren Sie, wann und wo Ihr Hund zum Beispiel klein geschnittene Würstchen besonders gern mag. Lieber morgens nach dem Frühstück? Lieber im Haus? Mag er sie draußen beim Spaziergang auch noch oder sind da andere Sachen interessanter?

Mag er draußen lieber klein gewürfelten Speck? Oder Harzer Käse? Gibt es Situationen, in denen er Trockenfutter gern mag? Nimmt er die Belohnungen lieber aus Ihrer Hand oder findet er es besser, wenn Sie das Futter werfen, kullern oder fallen lassen?

Mag er Futter, das in Futterbeuteln verpackt ist? Oder findet er es toll, wenn er zum Beispiel Zeitungen auseinanderrupfen darf, um an sein Futter heranzukommen? Oder gibt es Situationen, in denen Futterbelohnungen, die er sonst gern nimmt, auf einmal überhaupt nicht mehr ziehen? Notieren Sie alles, was Ihnen einfällt. Nutzen Sie die Belohnungen in Situationen, in denen sie auch tatsächlich ein Lob sind.

Wie schätzen Sie die Wertigkeit der Belohnung ein? Wenn Sie die Liste ausgefüllt haben, vergleichen Sie die Belohnungen untereinander. Welche schätzen Sie als höherwertig ein und welche eher als „na ja"? Nummerieren Sie dann Ihre gefundenen Belohnungen von 1 (höchste Wertigkeit) bis 10 (geringste Wertigkeit) durch.

Einträge können zum Beispiel so aussehen: Die Belohnungsliste brauchen Sie regelmäßig für die im Buch angegebenen Übungen. Bewahren Sie sie also sorgfältig und immer greifbar auf.

Empfehlungen für Hundeschulen

Mir persönlich gefällt die Empfehlungsliste des Trainerverbunds „Trainieren statt dominieren" am besten.

Sie finden sie im Internet unter www.trainieren-statt-dominieren.de. Diese Trainer haben sich verpflichtet, auf Angst- oder Schmerzreize in der Hundeerziehung zu verzichten. Sie finden dort also Trainer aufgeführt, die nach allen Regeln der Kunst gewaltfrei arbeiten.

Zusätzlich muss zum gewaltfreien Training auch die Chemie zwischen Trainer und Hundehalter (und Trainer und Hund) stimmen. Ein Trainer passt dann zu Ihnen und Ihrem Hund, wenn der Umgangston freundlich ist und sowohl Sie als auch Ihr Hund sich die ganze Übungsstunde über wohl und angenommen fühlen.

Belohnung	Situation	Wertigkeit
Klein geschnittene Würstchen	Im Haus extrem gern, beim Spaziergang werden sie ignoriert, wenn er an einer interessanten Schnüffelstelle riecht.	2
Käsepfann-kuchenstücke	Besonders gern draußen beim Spaziergang als Superbelohnung aus meiner Hand. Wird nur ignoriert, wenn vor ihm ein Hase aufspringt.	1

Die Belohnungsliste brauchen Sie regelmäßig für die im Buch angegebenen Übungen. Bewahren Sie sie also sorgfältig und immer greifbar auf.

Literaturempfehlungen

Bradshaw, John: Hundeverstand. Nerdlen: Kynos, 2014 (3. Aufl.)

Burow, Inka: Das große Handbuch Clickertraining. Schwarzenbek: Cadmos, 2014

Eaton, Barry: Dominanz – Tatsache oder fixe Idee? Bernau: animal learn, 2003

Hallgren, Anders: Das Alpha-Syndrom. Bernau: animal learn, 2006

Hense, Maria/Sondermann, Christina: Perspektivwechsel. Schwarzenbek: Cadmos, 2014

O'Heare, James: Die Dominanztheorie bei Hunden. Bernau: animal learn, 2005

Wittenfeld, Stefan: Leben mit Hunden – gewusst wie. Nerdlen: Kynos, 2014

YOUTUBE: Im Youtube-Kanal der Hundeschule Holledau finden Sie einiges an Anschauungsmaterial aus unseren Kursen und Workshops zum Thema „Giftködertraining".

Lesen Sie sich schlau über Hundeerziehung und gute Trainingsmöglichkeiten.
(Foto: Michele Baldioli)

(Foto: Maité Herzog)

Über die Autorin

Sonja Meiburg ist seit vielen Jahren Hunde-trainerin und war in verschiedenen Vereinen als Ausbilderin tätig. Seit 2006 gibt sie ihr Wissen in ihrer eigenen Hundeschule (www. hundeschule-holledau.de) weiter.

Seit 1998 ist sie Clicker-Trainerin. Gelernt hat sie ihr Wissen bei vielen nationalen und internationalen Lehrern, u. a. bei Ute Blasch-ke-Berthold, Martin Pietralla, Kay Laurence und Mary Ray.

Dank Clickertraining konnte sie mit ihrer ängstlichen Hündin Vegas an Obedience-meisterschaften teilnehmen. Der Clicker ist daher ihr ständiger Begleiter." Sie setzt ihn nicht nur zum Grundgehorsam und für Tricks ein, sondern auch im Hundesport und in der Verhaltenstherapie.

Außerdem ist sie bekannt aus der Sen-dung „Zeit für Tiere" im Bayerischen Rund-funk und als Beraterin für den Mischling Monty hinter der Kamera in der Doku „Das geheime Leben unserer Hunde" im ZDF.

Sonja Meiburg ist Mitglied der ersten Stunde der Hundetrainer-Gemeinschaft „Trainieren statt dominieren" und auch Initi-atorin der Aktion „Tausche Stachelhalsband gegen Training", für die sie den DOGS Award erhalten hat.

STICHWORTREGISTER

Abbruchsignal 29, 45, 71

Ablenken. 73, 77

Abwechslung 30, 53, 55, 62, 91

Ansprechbarkeit 83, 88

Anzeigeverhalten . . . . 7, 29, 65 ff.

Aus-Training 19

Basisübung 5, 29, 37

Belohnung . . . . 22, 30 ff., 38 ff., 48,

. . . . 67 ff., 76 ff., 91 f.

Belohnungsliste. 32, 92

Blickkontakt. . . . . 39, 42, 66 ff., 70, 89

Brustgeschirr. 39, 55, 60, 66, 84

Clicker. . . . . 32 f., 37, 46, 50, 93 f., 96

Entfernung. . . . . 7, 39, 42, 59, 62, 65 f., 70, 88

Entspannungsduft . . . . 85, 87 f.

Entspannungssignal . . . . 85 ff., 96

Entspannungstraining 7, 83, 85, 89, 96

Ernstfall 41, 47, 49, 52, 71, 73

Erregungsniveau 84

Erwartungshaltung. 9, 38, 74

Freigabe . . . . 35, 41 f., 48 f., 51 f., 54 ff., 60,

. . . . 63, 66 ff., 70 f.

Freigabesignal . . . . 5, 35, 41, 48 ff., 52, 57, 63

Fressbremse. 17, 25

Fresskick. 83

Fressnapftraining . . . . 5, 22 f.

Fressverhalten 24

Futterbelohnung . . . . 91 f.

Futterpräsentation 91

Gehorsamsproblem. 17

Generalisieren . . . . 5, 7, 37, 43, 70 f., 76, 81

Giftköder 17, 25, 71, 73, 80, 93

Härtefall. 77

Hundeschulen 7, 92

Kaustange . . . . 20 ff.

Leinenlänge. 56

Lieblingsleckerli. 74

Markersignal . . . . . . 5, 32 f., 35 ff., 46 ff., 52, 79 f.

Maul öffnen. . . . . 7, 78 f.

Maulkorb . . . . 5, 17, 25 ff.

Maulkorbgewöhnung 5, 25

Maulkorbtraining 17, 19, 25

Meideverhalten . . . . 27, 30, 78 f.

Motivationslage. 91

Muskelanspannung. 83

Nahrungsaufnahme, unerwünschte. 15, 37

Napffütterung 15

Nix da . . . . 7, 29, 45 ff., 65, 69, 71

Notfallsignal . . . . 7, 63, 73 ff.

Nylon-Maulkörbe 17, 25

Pica 7, 89

Rangordnung. 5, 17, 93

Ritual 49

Rückrufsignal. 45

Schlaraffenland-Signal 7, 74

Schwerpunktübung. 49, 51, 55, 57, 59, 61

Selbstbelohnend 13

Spaziergang . . . . 7, 19, 25, 43, 46, 54 f., 61 ff.,

. . . . 67 ff., 74 f., 84, 91 f.

Staubsauger. 9, 13, 17, 29, 81, 83, 89

Stoppen vor dem Futter. . . . . 5, 7, 29, 37 ff., 66

Strafen . . . . 5, 13 ff., 65

Tauschgegenstand 75

Timing. . . . . 40, 49 f.

Tonfall. 21, 47

Trainer. . . . . 20, 23 f., 30, 89, 92, 94

Trainingsmodus. 21, 47

Trockenfisch. . . . . 31 f., 53

Umorientierung. 59

Vorbeugung. 19

Vorwarnen 77, 79

Wertigkeit, Futter . . . . 53, 55, 58 f., 66, 92

Nicole Röder
BINDUNGSSPIELE FÜR HUNDE

Gegenseitiges Vertrauen, Verständnis für die Bedürfnisse des Anderen, gemeinsame Erlebnisse – all das ist die Basis für enge Bindung zwischen Mensch und Hund. Das Buch liefert leicht umsetzbare Spiel- und Beschäftigungsideen, die genau darauf abzielen: Eine besondere Beziehung und eine starke Verbundenheit werden aufgebaut, gefestigt und vertieft. Ob Ideen für eine kreative Neugestaltung des täglichen Spaziergangs, selbst gebastelte Abenteuerparcours und Denkspielzeuge, körperbetonte Action oder ruhige Schnüffelspiele – eine Auswahl von Spielideen bietet die richtige Anregung für jede Lebenslage.

96 Seiten, farbig, broschiert | ISBN 978-3-8404-2069-6
e Auch als E-Book erhältlich

Katrien Liesmont
HUND TRIFFT HUND

Viele Hundebesitzer wünschen sich nichts mehr, als „einfach entspannt vorbei gehen" zu können, wenn ihnen ein anderer Hund begegnet. Dieses Buch bietet positive Trainingswege gegen Leinenaggression und einen ganzheitlichen Blick auf das Problem. Es hilft zu verstehen, wie die Grundbedürfnisse des Hundes, seine Gesundheit und emotionale Balance mit seinem Verhalten zusammenhängen.

128 Seiten, farbig, Klappenbroschur

ISBN 978-3-8404-2048-1   *e* Auch als E-Book erhältlich

Katrien Lismont
NEUSTART FÜR HUNDE

Allzu oft wird ein Hund zu einem „wandelnden Experiment". Etliche Methoden werden ausprobiert, es wird viel trainiert, manchmal kommen auch Medikamente zum Einsatz. All das bleibt letztendlich ohne Erfolg, denn diese Hunde haben zwar manches gelernt, aber eines sicherlich nicht: mit dem Leben klarzukommen. Verzweifelte und frustrierte Hundehalter stehen oft kurz davor zu kapitulieren und sich entweder mit dem Problem und ihrem gestressten Hund zu arrangieren oder ihn abzugeben.

128 Seiten, farbig, broschiert

ISBN 9-783-8404-2067-2   *e* Auch als E-Book erhältlich

Ines Scheuer-Dinger
ABGELEINT

Fast jeder Hundebesitzer wünscht sich, seinem Hund Freilauf ohne Leine zu ermöglichen. Dieses Buch hilft mit praxiserprobten Trainingsanleitungen, die Aufmerksamkeit des Hundes auf den Menschen zu lenken und den Abruf zu sichern. Es erklärt, welche Voraussetzungen für das Training und den Freilauf erfüllt sein sollten, damit der Hund seinen Spaß nicht mehr in unerlaubten Ausflügen sucht.

96 Seiten, farbig, broschiert

ISBN 978-3-8404-2516-5   *e* Auch als E-Book erhältlich

Katrien Lismont
DAS GASSIBUCH FÜR BESONDERE HUNDE

Dieses Buch richtet sich an Halter von reaktiven Hunden, die jeden Tag neu überlegen, wo und wann sie mit ihrem Vierbeiner Gassi gehen könnten, wem sie begegnen werden, wie sie ausweichen können und welche Fluchtwege vorhanden sind. Erfahren Sie, wie Sie auch mit „besonderen" Hunden schöne Gassirunden drehen und Qualitätszeit mit ihnen genießen können und wie Sie die täglichen Spaziergänge so nutzen können, dass Hund und Mensch daraus etwas gewinnen und sich nicht durchkämpfen müssen.

128 Seiten, farbig, broschiert

ISBN 978-3-8404-2057-3   *e* Auch als E-Book erhältlich

CADMOS Verlag
www.cadmos.de

Cadmos Verlag GmbH | Englmannstraße 2 | 81673 München | Tel. +49 (0)89/451 08 51-0 | vertrieb@cadmos.de